人民防空工程设计百问百答丛书暨人防工程技术人员培训

总 顾 问　钱七虎

总 主 编　郭春信　王晋生

副总主编　陈力新

总 主 审　李刻铭

人民防空工程结构设计百问百答

曹继勇　王凤霞　杨向华　主　编

张瑞龙　袁正如　柳锦春　主　审

中国建筑工业出版社

图书在版编目（CIP）数据

人民防空工程结构设计百问百答 / 曹继勇，王风霞，杨向华主编 . —北京：中国建筑工业出版社，2022.10
人民防空工程设计百问百答丛书暨人防工程技术人员培训教材 / 郭春信，王晋生总主编
ISBN 978-7-112-27827-5

Ⅰ.①人… Ⅱ.①曹… ②王… ③杨… Ⅲ.①人防地下建筑物—结构设计—问题解答 Ⅳ.① TU927-44

中国版本图书馆 CIP 数据核字（2022）第 160442 号

本书是《人民防空工程结构设计百问百答》分册，主要按如下 11 个方面对本专业问题进行分类：结构设计基本原理，防护标准，结构荷载确定，主体结构设计方法，防倒塌棚架，结构构造要求，平战转换相关问题，工程做法建议，工程材料要求，施工相关问题，特殊结构及构件形式。本书主要按现行《人民防空地下室设计规范》《混凝土结构设计规范》等规范，结合工程实际和基础理论对设计问题进行了解答。

责任编辑：齐庆梅
文字编辑：白天宁
责任校对：赵 菲

人民防空工程设计百问百答丛书暨人防工程技术人员培训教材
总 顾 问 钱七虎
总 主 编 郭春信 王晋生
副总主编 陈力新
总 主 审 李刻铭
人民防空工程结构设计百问百答
曹继勇 王风霞 杨向华 主 编
张瑞龙 袁正如 柳锦春 主 审
*
中国建筑工业出版社出版、发行（北京海淀三里河路9号）
各地新华书店、建筑书店经销
北京雅盈中佳图文设计公司制版
北京建筑工业印刷厂印刷
*
开本：787 毫米 × 1092 毫米 1/16 印张：12$\frac{1}{2}$ 字数：269 千字
2022 年 12 月第一版 2022 年 12 月第一次印刷
定价：55.00 元
ISBN 978-7-112-27827-5
（39571）

《人民防空工程设计百问百答丛书暨人防工程技术人员培训教材》编审委员会

总顾问：钱七虎

总主编：郭春信　王晋生

副总主编：陈力新

总主审：李刻铭

《人民防空工程建筑设计百问百答》

主编：陈力新

副主编：李洪卿　吴吉令

主审：田川平

《人民防空工程结构设计百问百答》

主编：曹继勇　王凤霞　杨向华

主审：张瑞龙　袁正如　柳锦春

《人民防空工程暖通空调设计百问百答》

主编：郭春信　王晋生

主审：李国繁　李宗新

《人民防空工程给水排水设计百问百答》

主编：丁志斌

副主编：张晓蔚　徐　林

主审：陈宝旭

《人民防空工程电气与智能化设计百问百答》

电气主编：郝建新　徐其威　曾宪恒

智能化主编：王双庆　王　川

主审：葛洪元

《人民防空工程防化设计百问百答》

主编：韩　浩　徐　敏

主审：史喜成　朱传珍　高学先

《人民防空工程通风空调与防化监测设计及实例》

主编：郭春信　王晋生

副主编：陈　瑶

主审：李国繁　徐　敏

《人民防空工程建筑设计及实例》（规划编写中）
《人民防空工程结构设计及实例》（规划编写中）
《人民防空工程给水排水设计及实例》（规划编写中）
《人民防空工程电气与智能化设计及实例》（规划编写中）

参编单位：
陆军工程大学（原解放军理工大学、工程兵工程学院）
军事科学院国防工程研究院
军事科学院防化研究院
陆军防化学院
中国建筑标准设计研究院有限公司
上海市地下空间设计研究总院有限公司
青岛市人防建筑设计研究院有限公司
江苏天益人防工程咨询有限公司
上海结建规划建筑设计有限公司
中拓维设计有限责任公司
南京龙盾智能科技有限公司
山东省人民防空建筑设计院有限责任公司
黑龙江省人防设计研究院
四川省城市建筑设计研究院有限责任公司
上海民防建筑研究设计院有限公司
浙江金盾建设工程施工图审查中心
中建三局集团有限公司人防与地下空间设计院
新疆人防建筑设计院有限责任公司
南京优佳建筑设计有限公司
江苏现代建筑设计有限公司
江西省人防工程设计科研院有限公司
云南人防建筑设计院有限公司
中信建设有限责任公司
安徽省人防建筑设计研究院
南通市规划设计院有限公司
广西人防设计研究院有限公司
郑州市人防工程设计研究院
成都市人防建筑设计研究院有限公司
中防雅宸规划建筑设计有限公司
南京慧龙城市规划设计有限公司
四川科志人防设备股份有限公司

《人民防空工程结构设计百问百答》
编审人员

序

在当前国内外复杂多变的形势下，搞好人民防空各项工作具有重要的战略和现实意义。随着我国国民经济的持续发展，人民防空各项工作与城市经济和社会一同发展，各省区市结合城市建设和地下空间开发利用，建设了一大批人民防空工程。经过几十年不懈努力，各省区市的人均战时掩蔽面积有了较大提高，各类人民防空工程布局更加合理，建设质量明显提高，城市的综合防护能力也有较大提升。

人民防空工程标准、规范为工程建设提供了依据，但从业人员在实际工作中对现行标准、规范的执行和尺度把握仍有较多疑问，这些问题长期困扰从业人员，严重影响了工程质量。整个行业急需系统梳理存在的问题，并经过广泛研究讨论，做出公开、权威性的解答。基于以上情况，2018年底原解放军理工大学郭春信教授和王晋生教授倡议编著这套丛书。该丛书邀请了国内30多家人防专业设计院所的200多名专家组成丛书编审委员会，依托"人防问答"网，全面系统梳理一线从业人员提出的问题，组织专家讨论和解答问题，并在此基础上编著成这套丛书的六个问答分册。同时，把已解决的问题融入现有设计理论体系，配套编著各专业的设计及实例图书，方便设计人员全面系统学习。

这套丛书的特点是：问题来自一线从业人员；回答时尽量给出具体方法并举例示范；解释时能将理论与实际结合起来；配套完整设计方法与实例；使专业人员一看就懂，一看就能用。这是一套不可多得的人防工程建设指导丛书。这套丛书的出版对提高我国人民防空工程建设质量将起到积极的推动作用。

国家最高科学技术奖获得者

中国工程院院士

2021 年12月28日

前　言

　　俄乌冲突爆发、台海局势紧张都表明当前国际形势复杂多变,和平发展随时可能受到战争威胁。在此形势下,搞好人防工程建设具有重要意义。高水平设计是人防工程高质量建设的保证,但由于人防工程及其行业管理体制的特殊性,从业人员在长期设计中积累了许多问题,这给实际工作带来诸多困难,严重影响了人防工程的高质量建设,行业迫切需要全面梳理存在的问题,并做出公开、权威解答。

　　由于行业需要,2018 年底原解放军理工大学郭春信教授和王晋生教授倡议编著《人民防空工程设计百问百答丛书暨人防工程技术人员培训教材》。倡议一经提出,就在行业内得到广泛响应,迅速成立了由陆军工程大学(原解放军理工大学、工程兵工程学院)、军事科学院国防工程研究院、军事科学院防化研究院、陆军防化学院、中国建筑标准设计研究院和各省区市主要人防设计院的 200 多名专家、专业负责人或技术骨干组成的编审委员会。编审委员会以"人防问答"网为问答交流平台,在行业内广泛收集问题并组织讨论。历时四年,共收集到 2400 多个问题,4000 多个回答。因为动员了全行业参与,所以问题覆盖面广,讨论全面深入,解决了许多疑难问题,澄清了大量模糊认识,就许多问题达成了广泛专业共识,为编写修订相关规范或标准提供了重要参考和建议。编审委员会以此为基础,编著成建筑、结构、暖通空调、给水排水、电气与智能化、防化 6 个百问百答分册,主要解决各专业的疑难问题。百问百答分册知识点比较分散,为方便技术人员系统学习,本套丛书还增加建筑、结构、通风空调与防化监测、给水排水、电气与智能化各专业的设计及实例图书 5 册,把百问百答分册解决的问题融合进去,系统阐述应该如何设计并举例示范。这样,本套丛书既有对设计疑难点的深入分析,又有对设计理论和实践的系统阐述,知识体系比较完整,适宜作培训教材使用。本套丛书共计 11 册,编著工作量很大,目前 6 本百问百答分册和《人民防空工程通风空调与防化监测设计及实例》已经完稿,此次以上 7 本同时出版,其他专业设计及实例图书后续出版。

　　本套丛书主要面向全国人防工程设计、施工图审查、施工、监理、维护管理和质量监督等相关技术人员,是一套实用性和理论性都很强的技术指导书,既可作为工具书,也可作为培训教材,对人防工程科研人员也有一定的参考价值。

　　本套丛书编写过程中,得到了陆军工程大学校友和"人防问答"网会员的支持,得到了参编单位的大力支持,得到了国家人民防空办公室相关领导的肯定和支持,特别是得到丛书总顾问国家最高科学技术奖获得者、八一勋章获得者、中国工程院院士钱七虎教授的指导和帮助,在此深表感谢!

本书是《人民防空工程结构设计百问百答》分册，主要按如下 11 个方面对本专业问题进行分类：结构设计基本原理，防护标准，结构荷载确定，主体结构设计方法，防倒塌棚架，结构构造要求，平战转换相关问题，工程做法建议，工程材料要求，施工相关问题，特殊结构及构件形式。本书主要按现行《人民防空地下室设计规范》《混凝土结构设计规范》等规范，结合工程实际和基础理论对设计问题进行了解答，也指出了现行规范的部分错漏，提出了修订建议。

由于编者水平有限，错误和疏漏在所难免，广大读者可以登录"人防问答"网或关注"人防问答"微信公众号反馈意见、批评指正。如有新问题也可在该网或公众号上提出，我们将在再版时对本套丛书进行修订和充实。

编者

2022 年 8 月

目 录

第 1 章
结构设计基本原理

1. 人防结构承受的爆炸动荷载有什么特性？

人防结构承受的爆炸（常规武器、核武器）动荷载，在空气中与土中不尽相同，核武器与常规武器也有所区别，分别回答：

（1）爆炸空气冲击波荷载特征主要有：①有陡峭的波阵面：一种不连续峰值在介质中的传播，这个峰值导致介质的压强、温度、密度等物理性质发生跳跃式改变，例如压力，冲击波波阵面到达未扰动空气的某一固定点时，该点空气的压力在瞬间（在理想气体状态下不到百万分之一秒）即由大气压力增加到压力最大值，这种特性往往对结构造成更大的破坏。②有正压和负压：正压是超过正常大气压的压力。负压是低于正常大气压的压力。对于人防结构，例如人防防护密闭门上，这两个压力正好是相反的两种作用。③动压：空气质点的定向运动，当它的运动受阻时，这部分动能就要以压力的形式表现出来，这部分压力称为动压。核爆空气冲击波的反射实质也是动压表现之一，只是叠加了超压（正压）和动压，所以反射系数能达到 2~8 倍。

（2）土中压缩波：是武器爆炸荷载作用在土中结构上的主要荷载，在非饱和土中，空气冲击波在土中传播时，陡峭的波阵面消失，荷载就有了升压时间，这样对结构的破坏会变弱，同时荷载最大值也会随深度增加而变小，所以土中的爆炸荷载要比空气中有利。这里必须指出以上说的是非饱和土，如果是饱和土（饱和土可以理解为泡在水中的土），土中压缩波在饱和土中的传播的特征要复杂很多，在完全饱和土中，更接近于水中的荷载特征，在不完全饱和土中，其传播特征与土中气泡含量、压力波峰值压力等参数有关，人防工程设计规范给出了相应的确定方法。

（3）常规武器与核武器爆炸空气冲击波荷载是有区别的，主要有以下几点：①作用时间不同：核武器爆炸空气冲击波荷载作用时间较长，从荷载最大值（开始作用时刻）到最后大气压力恢复正常（作用结束时刻），需要 1s 甚至更长，而常规武器空气冲击波荷载作用时间只有十几毫秒，两者相差几十倍。这也造成进行结构动力分析时，核武器是强迫振动简化问题，而常规武器为自由振动简化问题。例如：人防门设计时，常规武器爆炸空气冲击波荷载会考虑振动造成门的反弹作用力。

②随距离衰减不同：常规武器爆炸空气冲击波荷载随距离衰减很快，因为几百公斤炸药在以米为单位的长度上会急骤衰减，直到压力为 0；而核武器在几米或者几十米范围内，可以认为没有衰减。

2. 在爆炸荷载作用下，人防结构产生的结构振动有什么特征？

在爆炸荷载作用下，结构受力的基本特征是产生加速度，迫使结构由静止转为运动，这种运动有来回往复的特点，通常称为振动。振动由于阻尼的综合作用而逐渐衰减。结构在冲击波作用的时间内的振动，称为强迫振动；在冲击波消失后的振动，称为自由振动。核武器爆炸冲击波作用的时间以秒计，其最大的动位移发生在强迫振动（图 1-1）；而常规武器爆炸冲击波作用时间以毫秒计，其最大的动位移一般发生在自由振动（图 1-2）。

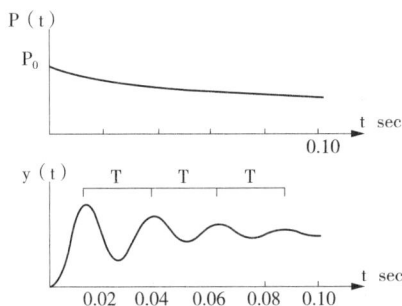

图 1-1　梁的动力反应（核爆下）　　　　图 1-2　梁的动力反应（化爆下）

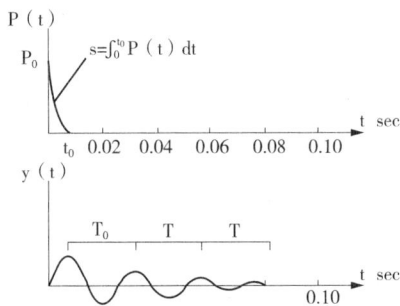

动力作用和静力作用是相对的，由外力随时间变化的迅速程度相对于结构自振周期的长短而定。当升压时间与自振周期的比值超过 4~5 时，已无明显的动力作用，如通常民用建筑楼板上的可变荷载，人在楼板上走动，其加载的速度是 0.1s，而楼板的自振周期一般会小于 0.01s，这时结构楼板所受荷载升压时间是自振周期的 10 倍，就可以看成静荷载。而爆炸荷载是瞬时突加的，荷载升压时间极短，通常把这种爆炸荷载看成动荷载。

3. 人防结构如何进行动力分析？

（1）动力分析目的

人防结构在爆炸动载作用下，其变形和内力也随着时间发生变化，如图 1-1 和图 1-2 所示 y 值随时间的变化。结构动力分析的主要目的，就是研究动力作用下结构的运动规律，找出结构最大位移（变形），从而判断结构是否破坏，通常情况下，结构在静荷载作用下与动载作用下维持不破坏的最大变形是一致的。在等效静荷载法设计中，结构动力分析目的就变成了找到一个静荷载，使此静荷载作用在结构上所产生的结构位移（变形），与动载作用下结构的最大位移（变形）相同，而经过动力分析找到的这一静荷载，便是设计规范中的等效静荷载。应该说明的是，武器爆炸空气冲击波、土中压缩波压力的特征：一次性的脉冲荷载，陡然上升到最大值，峰值压力大，然后随时间迅速衰减，作用时间短。此类动荷载适用等效静荷载法，但对于反复震荡的地震波，虽然也是动荷载，却是不适用的。

（2）动力分析的假设

由于结构振动是一个极其复杂的物理过程，为了简化计算，在结构动力分析中作了以下假设：①动荷载假设，动荷载随时间的变化是幂指数衰减曲线，动力分析时往往将荷载简化为三角形直线衰减荷载；②将人防结构整体拆分为单块顶板、外墙、临空墙等单个构件，动力分析中，由于无限自由度体系动力分析较为复杂，通常采用单个构件进行动力分析，并将单个实际构件简化为单自由度理想体系（质量弹簧体系）的方式进行计算。

（3）动力分析步骤

首先对实际构件体系按照等效单自由度体系进行简化，计算出等效体系系数及等效系数，包括等效质量、等效刚度、等效荷载等。

然后列出动力平衡方程，进行动力分析，依据实际情况，可分别用两种方法计算推导：第一是直接动力平衡法，用牛顿第二定律 $F=ma$ 公式进行计算推导；第二是能量守恒法，利用结构初始状态与位置最大状态动能加势能守恒公式来计算推导。

正如前面所述，以上动力分析旨在找到等效静荷载，而在弹性体系分析中，是依据等效体系与实际体系最大位移相同的原则分析得出"位移动力系数"。在弹性体系中，位移动力系数等同于荷载动力系数，一般称动力系数。在弹塑性动力分析中，由于结构位置与抗力不成弹性关系，得到的直接为动力系数。用动力系数乘以动荷载峰值得到等效静荷载。当然工程中动力分析得到的等效静荷载存在误差，误差分析请参阅本书其他关于等效静荷载法的问题理解。

4. 等效静荷载法的基本假定和计算原则是什么？

等效静荷载法的基本假定为：

（1）由于在武器爆炸动荷载作用下，结构构件振型与相应静荷载作用下挠曲线很相近，且动荷载作用下结构构件的破坏规律与相应静荷载作用下破坏规律基本一致，所以在动力分析时，可将具有无限自由度的结构构件简化（假定）为单自由度体系。

（2）对于简化后的单自由度集中质量等效体系（由分布质量简化为集中质量），可以运用结构动力学原理进行计算分析，获得相应的动力系数，用动力系数乘以动荷载峰值得到等效静荷载。

（3）结构构件在等效静荷载作用下的各项内力（如弯矩、剪力、轴力）就是动荷载作用下相应内力最大值，这样即可把动荷载视为静荷载。

等效静荷载法的计算原则为：

（1）等效静荷载法可以利用各种现成图表，按照结构静力分析计算的模式来代替动力分析，给人防工程结构设计带来很大方便。

（2）结构周边的爆炸动荷载同时均布作用在整个结构上。实际上是不同时的，例如作用于迎爆面外墙的荷载早于背爆面外墙，作用于顶板的荷载早于外墙，但由于冲击波传播很快，存在时间差但很小，同时考虑拆分单个构件，其误差对结构安全是可以允许的，所以可不考虑荷载作用的时间差，将爆炸动荷载看作同时作用于结构各个部位。

5. 等效静荷载法有没有局限性？

有一定局限性。等效静荷载法采用的是简化单自由度体系，实际构件通常是多自由度体系。但对于人防荷载（核爆或化爆），荷载随距离或时间变化较大，各个构件同时达到最大变形的概率较小。采用单自由度虽有一定误差，但对于基于实验的爆炸荷载还是合理的。

采用等效静荷载法确定的结构内力，会与实际构件内力存在误差，弯矩误差不大，剪力（支座反力）误差相对较大，但不会造成设计上明显不合理，因而是能够保证战时防护功能要求的。对于特殊结构（大跨度和复杂的结构）也可按有限自由度体系采用结构动力学方法，直接求出结构内力。

6. 等效静荷载法求解结果和有限元法直接求解动力解的误差有哪些？

（1）挠度的计算误差最小，弯矩次之，剪力（支座反力）及轴力最大；

（2）受均布荷载作用的结构计算误差比受集中荷载作用的结构要小；

（3）梁、板结构体系的计算误差比拱结构要小。

试验证明，按照这一方法，脆性破坏的构件安全储备小，延性破坏的构件安全储备大，这与可靠度指标相悖。为了确保安全，截面设计对构件的受剪和受压承载力另有规定。

7. 在爆炸荷载作用下，材料强度提高该怎样理解？

在爆炸动荷载作用下，材料强度取材料的动力强度设计值，这是人防结构设计的特点。

（1）考虑材料强度提高原因

在动力荷载作用下，材料的力学性能与在静荷载作用下相比，主要表现为强度有所提高，而变形性能包括塑性等基本不变。在毫秒级的快速变形中，由于材料达到破坏的变形还来不及展开，加载数值已经减小或已卸载，这一情况反映在材料加载试验中，表现为材料强度的提高。

大量快速试验结果表明，材料强度值的提高，除了与加载时应变速率有关外，还与荷载作用持续时间长短有关。随着材料应变速率的增大，其强度提高值也随之增大；荷载作用时间愈短，材料强度提高值愈大。实际上，在核武器作用下和常规武器作用下，材料的强度提高值是不同的，但两者相差极小，为减小设计的工作量，取为相同。

（2）材料强度提高系数如何确定

目前，材料强度综合调整系数 γ_d 的确定，主要由三个因素确定：

①考虑普通工业与民用建筑规范中的材料分项系数；

②考虑材料在快速加载作用下动力强度的提高和部分材料后期强度的提高；

③根据人防结构构件的受力特点进行可靠度分析后综合确定。

《人民防空地下室设计规范》GB 50038—2005 在确定材料动力强度提高系数时，取与结构构件达到最大弹性变形时间为 50ms 时对应的一组材料动力强度提高系数。

8. 与一般民用建筑结构相比，人防工程结构设计的主要特点有哪些？

对人防工程结构的"作用"，虽然在平时正常使用时承受的静荷载占有一定的或相当多的比重，但战时炮航弹冲击爆炸或核武器爆炸产生的动荷载，仍然是计算人防结构的主要荷载。这种作用的效应又有别于一般的工业与民用建筑的情况，而且与《建筑结构可靠性设计统一标准》GB 50068—2018 所明确的偶然作用的爆炸荷载，既相似又不完全相同。因此，结构设计具有以下不同于一般民用工程的特点：

（1）人防工程结构的可靠度指标降低。

（2）钢筋混凝土结构构件可按弹塑性工作阶段设计：

在静力作用下，构件一般不允许因超过弹性范围而形成机动体系，否则在静荷载持续作用下，构件变形将不断发展，直至破坏。但在武器爆动荷载作用下，构件即使进入塑性屈服状态而变为机动体系，只要动荷载引起的最大变形不超过允许最大变形，则在这种瞬间动荷载作用消失以后，由于阻尼影响，其振动变形将不断衰减，最后能达到某一静止平衡状态，此时，结构虽然出现一些残余变形，但仍具有承载能力。由于构件在塑性阶段工作可比仅在弹性阶段工作吸收更多的能量，因此可充分利用材料潜力，如钢筋混凝土受弯构件，在屈服后还要经历很大变形才会完全坍塌，因此考虑塑性阶段工作，可承受更大动力荷载，有较大经济意义。

（3）材料设计强度可提高。

（4）结构可只进行强度计算：

在武器爆炸动荷载作用下，结构可只进行强度计算，不进行结构变形、裂缝开展、地基承载力和地基变形计算，这是因为结构变形和结构裂缝已通过结构的延性比来控制；在动荷载作用下，地基承载力有较大提高，同时安全储备也可取较低值，在这种瞬间荷载作用下，一般不会因地基失效引起结构的破坏。因此防空地下室结构在武器爆炸动荷载作用下，可不进行上述内容验算。

（5）更加重视人防结构的构造要求：

人防结构构件应考虑爆炸荷载作用下的振动变形以及进入塑性阶段的工作要求。构件如不能保证足够的延性，将会出现屈服后的次生剪坏。采取一定的构造措施，提高屈服截面的抗剪性能仍是一个重要问题。如人防工程受武器爆炸动载的板、墙均采用双面配筋，受力构件拉结筋必须满足梅花形布置且间距不大于500mm的要求；又如在目前人防工程采用较多的反梁设计中，为了保证力的传递，也必须采取足够的构造措施。另外，人防结构是在大变形状态下工作的，所以民用规范中有关钢筋混凝土的一般构造要求需要重新检验，如跨中钢筋伸入支座的锚固长度要增加，钢筋搭接截面和最大受力截面处的箍筋间距要加密，主筋最小配筋率和最小箍筋率可能要适当提高等。人防结构的配筋方式，也应有利于防止塌毁，而静荷载作用下的某些配筋方式，如双向板中的分离式配筋，就不一定适合人防工程。

（6）人防工程设计应同时满足平时、战时使用的结构设计要求：

人防工程作为民用建筑的一部分，其结构设计时，不仅要满足战时的抗力要求，同时应满足平时使用的结构要求，如防空地下室结构设计应同时满足平时和战时两种不同荷载效应组合的要求，而且要满足人防工程顶板和外墙在平时荷载作用下的裂缝宽度要求等。

9. 人防结构的可靠指标降低该怎样理解？

人防结构主要承受武器爆炸动荷载，这是偶然荷载，根据现行的《建筑结构可靠性设计统一标准》GB 50068—2018，建筑结构可以按荷载效应的偶然组合进行设计或采取防护措施，保证主要承重结构不致因出现规定的偶然事件而丧失承载力。按规范规定的防护级别所对应的地面空气冲击波最大超压值进行承载力计算时，只考虑一次作用，不考虑超载和重复打击。一般情况下，人防动荷载分项系数取1.0，就能达到人防结构必须满足的抗力。依据现行的《建筑结构可靠性设计统一标准》GB 50068—2018，从安全和经济两方面考虑，人防荷载应为偶然荷载，当人防防护结构构件承受的荷载由人防荷载控制时，其承载能力极限状态的可靠指标，比一般工业与民用建筑在相应极限状态的可靠指标要小。

10. 建筑结构可靠性设计统一标准恒载分项系数 1.3 是否适用战时荷载组合？

[问题补充] 新《建筑结构可靠性设计统一标准》GB 50068—2018给出的恒载分项系数为1.3，与《人民防空地下室设计规范》GB 50038—2005中的1.2有冲突，是否应改为1.3？

根据住房和城乡建设部颁发的2018年第263号文，自2019年4月1日起实施《建筑结构可靠性设计统一标准》GB 50068—2018，原《建筑结构可靠度设计

统一标准》GB 50068—2001 作废。《人民防空地下室设计规范》GB 50038—2005
第 4.10.2 条规定的荷载作用分项系数是根据《建筑结构可靠度设计统一标准》GB
50068—2001 选取的，永久作用荷载的分项系数为 1.2。新规范永久作用荷载分项
系数为 1.3。如表 1-1、表 1-2 所示。

建筑结构的作用分项系数

（《建筑结构可靠度设计统一标准》GB 50068—2001 第 7.0.4 条）　　表 1-1

适用情况作用分项系数	当作用效应对承载力不利时	当作用效应对承载力有利时
γ_G（永久作用）	1.2	≤ 1.0
γ_P（预应力作用）	1.2	≤ 1.0
γ_Q（可变作用）	1.4	0

建筑结构的作用分项系数

（《建筑结构可靠性设计统一标准》GB 50068—2018 第 8.2.9 条）　　表 1-2

适用情况作用分项系数	当作用效应对承载力不利时	当作用效应对承载力有利时
γ_G（永久作用）	1.3	≤ 1.0
γ_P（预应力作用）	1.3	≤ 1.0
γ_Q（可变作用）	1.5	0

为此，在目前现行的人防规范还未进行修订之前，宜执行住房和城乡建设部的
文件，建议人防工程设计中，将永久作用荷载的分项系数 γ_G 调整为 1.3。

11. 大部分钢筋混凝土结构构件可按弹塑性工作状态设计，该怎样理解？

在爆炸动荷载作用下，结构构件的变形通常随时间增大至最大值，随后出现衰减。
因此，可以考虑利用构件产生的塑性变形来吸收爆炸动荷载的能量，即在爆炸动荷
载作用下，允许结构构件进入弹塑性工作状态。

在爆炸动荷载作用下，结构构件即使进入塑性工作状态，只要动荷载引起的变
形不超过最大允许变形，则在这种瞬间动荷载消失后，由于阻尼力的综合作用，其
振动变形不断衰减，最后仍能达到某一静止平衡状态。此时，结构构件虽然出现一
些残余变形，但是仍然具有足够的承载能力和防护密闭能力。由于结构构件在弹塑
性工作阶段可以吸收更多的能量，因此可以充分利用材料的潜能。

在人防工程设计中，钢筋混凝土顶板、底板、外墙和临空墙等，可按弹塑性阶
段设计。对于特别重要或密闭要求高的防护结构，如钢筋混凝土防护密闭门的门框墙、
防水要求高的结构等，仍限制在弹性工作阶段，应按弹性分析方法计算内力。

（1）人防荷载属于脉冲荷载，峰值压力大，作用时间短是其特点。尤其在常规
武器爆炸动荷载作用下，结构构件尚未达到最大变形，荷载已消失，故其动力系数
往往小于 1。

（2）结构构件部分进入塑性状态后，由于荷载消失，大部分变形得以恢复，只有部分残余变形不可恢复。允许的残余变形量通过允许延性比来体现，以满足构件的密闭要求为前提，例如顶板的允许延性比取 3，在人防荷载作用下，构件会局部开裂，但不会出现永久性通透裂缝。

12. 对《人民防空地下室设计规范》GB 50038—2005 第 4.10.1 条的理解？

[问题补充] 建议将《人民防空地下室设计规范》GB 50038—2005 第 4.10.1 条中由非弹性变形产生的塑性内力重分布计算内力的具体构件等加以规定。

《人民防空地下室设计规范》GB 50038—2005 第 4.10.1 条对于塑性内力重分布描述的原文为："对于超静定的钢筋混凝土结构，可按由非弹性变形产生的塑性内力重分布计算内力。"

该条规范中可以读到两条信息：

（1）明确人防设计中能考虑塑性内力重分布计算分析构件要求：

①构件可以产生非弹性变形；

②结构构件是超静定的体系。

（2）规范把是否考虑塑性分析交给了设计，规范以"可"进行要求，而不采用"应"或"宜"。

从这两条信息来看，规范对设计的要求是理论结合实际。

首先是否考虑塑性内力重分布计算内力的构件，从理论层面分析一下：

（1）是否满足"构件可以产生非弹性变形"，可以按照《人民防空地下室设计规范》GB 50038—2005 第 4.6.2 条要求确定（表 1-3）。

钢筋混凝土结构构件允许延性比 [β] 值　　　　　表 1-3

结构构件使用要求	动荷载类别	受力状态			
		受弯	大偏心受压	小偏心受压	轴心受压
密闭、防水要求高	核爆动荷载	1.0	1.0	1.0	1.0
	常规爆炸动荷载	2.0	1.5	1.2	1.0
密闭或防水要求一般	核爆动荷载	3.0	2.0	1.5	1.2
	常规爆炸动荷载	4.0	3.0	1.5	1.2

允许延性比为 1.0 的构件均为弹性构件，是不能考虑塑性的，其余构件均允许产生非弹性变形，也就是能满足"构件可以存在非弹性变形"。应该说明的是：表 1-3 中的允许延性比 [β] 值主要为动荷载确定等效静荷载使用。

（2）满足"超静定钢筋混凝土构件"。

对于非工业的钢筋混凝土结构构件，除了对特殊部位的处理以外，一般大多都是处于超静定状态，对于地下室更是如此。所以本条一般也是能够满足的。

所以从理论上看可以采用塑性内力重分布的构件范围很广。

其次，还要结合实际进行分析：

如果构件考虑了塑性，变形必然会加大，裂缝也必然会产生，相对弹性而言，整体安全度也必然会有所降低。所以在选择塑性分析的构件时，要做到不能让构件在遭受设计抗力下的一次打击后，无法在战时保持正常的使用，出现漏水或结构局部倒塌的情况。

考虑战时武器爆炸作用的不确定性，对易出现漏水及引起结构倒塌的构件要适当提高安全度，内力计算也不宜采用塑性分析。有以下几种情况：

（1）对于主要竖向受力构件（如柱子和作为主楼的竖向支撑的剪力墙构件），无论处于何种偏心状态和何种武器作用下，都不考虑进行塑性内力分析；

（2）对于门框墙，作为人防口部重要的构件，也要提高安全度，而且门框墙过大变形会影响人防门的正常使用性能，所以门框墙设计中也不考虑塑性分析计算内力；

（3）对于防水要求较高的构件（如底板）也不建议考虑塑性分析，当然对于顶板和外墙也是有防水要求，是否考虑塑性分析可以结合建筑对于战时使用状态的防水要求确定（例如对于水位较高，且平时使用状态下裂缝已达极限状态，250mm 厚的墙体和顶板也不建议采用塑性计算分析方法）。

简言之，在人防爆炸作用简化为等效静荷载后，对构件的计算原理基本可以参照民用，包括是否采用塑性内力分析方法。

在通常的设计中，建议顶板与顶板梁计算方法有所区分。顶板可采用塑性内力分析方法计算或对采用弹性内力分析方法计算的结果进行调幅处理；顶板梁不宜按塑性内力分析方法计算，可在按弹性内力分析方法计算的基础上进行调幅；当采用塑性内力分析方法计算时，负弯矩与正弯矩的比值不宜小于 1.4，宜取 1.8 左右；当在按弹性内力分析方法计算的基础上进行调幅时，调幅比例不宜大于 20%，宜取 15% 左右。

13. 受弯构件或大偏心受压构件的允许延性比 [β] 如何满足要求？

[问题补充] 当结构受拉钢筋配筋率 ≥ 1.5% 时，受弯构件或大偏心受压构件的允许延性比 [β] 如何满足要求？

承受动荷载作用并允许进入塑性阶段工作的防护结构构件的延性，是保证受弯构件不出现突发脆性破坏的重要力学特征。构件的延性通常用参数延性比（β = 构件最大变形 / 弹性极限变形）表示。构件设计可提供的最大延性比，必须满足按弹塑性工作阶段设计的允许延性比的要求。过高的受拉筋配筋率会降低构件的延性。若结构构件按弹塑性工作阶段设计，对一般工程受拉钢筋的配筋率不宜超过 1.5%。当受拉钢筋配筋率 >1.5% 时，应通过增加截面受压区纵向配筋以增加结构延性，具体受压区配筋面积，应依据《人民防空地下室设计规范》GB 50038—2005 表 4.6.2 查出对应构件允许延性比，将其允许延性比限值代入规范公式（4.10.3-1），再通过公式（4.10.3-2）计算出受压钢筋的配筋率后调整受压钢筋的实际配筋，这样受弯构件或大偏心受压构件就能满足延性比要求。

14. 人防工程对结构构件的剪力和斜截面的验算有什么规定？

目前人防结构的设计大多采用"等效静荷载法"。试验结果与理论分析表明，当采用等效静荷载法设计时，结构计算所得弯矩精度最高，计算得到的剪力（支座反力）较真实动载作用时剪力两者误差较大。

那么，人防的相关规范是如何对剪力的设计进行调整和规定的呢？《人民防空地下室设计规范》GB 50038—2005 第 4.10.6 条规定，当按等效静荷载法分析得出的内力进行梁、柱斜截面承载力验算时，混凝土及砌体的动力强度设计值应乘以折减系数 0.8。这是因为试验表明，属脆性破坏的构件安全储备小，属延性破坏的构件安全储备大，为了改变这一不合理的现象，规范对混凝土及砌体的动力强度设计值乘以折减系数，使两者的安全储备较为接近。

对比《人民防空地下室设计规范》GB 50038—2005 和《混凝土结构设计规范》（2015 年版）GB 50010—2010 中的抗剪计算公式是有所不同的。《人民防空地下室设计规范》GB 50038—2005 第 4.10.7 条，对斜截面受剪承载力进行了高跨比的修正，对箍筋的受剪承载力计算也进行了调整。这是由于《混凝土结构设计规范》（2015 年版）GB 50010—2010 中的抗剪公式仅适用于一般工业和民用建筑，而人防工程抗剪计算是在战时动荷载作用下，所以结构构件的截面尺寸和材料的强度等级与一般工业和民用建筑有区别。

另外，《人民防空地下室设计规范》GB 50038—2005 的附录 E 对钢筋混凝土反梁的设计，特别是斜截面的设计也作出了专门的规定。根据清华大学的研究成果，与同样尺寸的正梁相比，反梁的正截面受弯承载能力没有变化，由于反梁截面的剪应力分布与正截面有差异，斜截面抗剪能力有明显下降。

综上所述，当采用等效静荷载法进行人防工程设计计算时，混凝土及砌体的动力抗压、抗剪强度设计值应乘以 0.8，并对结构构件的抗剪设计按人防规范的相关条文进行复核调整。

15. 基础设计平时荷载控制还是战时荷载控制如何确定？

[问题补充] 基础设计时，会提到平时荷载控制、战时荷载控制，如何确定是平时控制还是战时控制？

人防工程范围内的基础及底板内力具体由何种工况确定，可在所采用的软件计算结果里查看内力组合，对于核 5、核 6 和核 6B 级甲类防空地下室结构底板，软件输出的计算结果完全由平时工况荷载组合控制，则底板及基础设计满足民用规范设计构造即可，如有战时工况荷载组合控制，则需满足人防规范中构造的相关要求（如最小配筋率、拉结筋等）。当然在软件计算中必须在顶板及底板正确输入相关的人防等效静荷载参与计算。

另外设计中还要注意：

《人民防空地下室设计规范》GB 50038—2005 提到"内力系由平时设计荷载控制"，都是用于满足构造方面的要求，在计算配筋中，当平时荷载下的内力和战时荷载下的内力接近时，会出现内力是战时控制，但配筋是平时控制的情况，其原因是战时材料系数的提高，所以设计中一定按照《人民防空地下室设计规范》GB 50038—2005 第4.1.8 条要求，承载力、配筋都要满足平战两种状态。

理论上，基础设计是由平时荷载控制还是由战时荷载控制，取决于截面设计结果，即截面尺寸及配筋。考虑到5级以下人防工程的基础底板纵向钢筋配筋率通常较低，一般也不需进行截面尺寸及抗剪验算，故在一般设计中，通常可以通过平时荷载组合值和战时荷载组合值之间的比值来粗略判断。当平时荷载组合设计值明显大于0.87倍战时荷载组合设计值时，可近似认为截面设计结果由平时荷载控制；当平时荷载组合设计值明显小于0.87倍战时荷载组合设计值时，可近似认为截面设计结果由战时荷载控制；当平时荷载组合设计值与0.87倍战时荷载组合设计值接近时，需根据平战截面设计结果对比确定。

16. 防护密闭门门框墙厚度是否要满足早期防辐射要求？

防早期核辐射是针对甲类设防的人员和物资（不含允许处于染毒环境的物资）的要求。

人防工程口部防早期核辐射的主要做法是通过增加口部通道长度或通道拐弯避免早期核辐射直接照射在人防门框墙墙和临空墙上来解决，具体可参照《人民防空地下室设计规范》GB 50038—2005 第3.3.10 条及其条文说明，从而将从工程各部位（顶板、外墙、临空墙、出入口通道等）进入人防工程内部的综合剂量控制在允许范围内。当计算从出入口通道衰减进入的剂量时，人防门框墙的材质、厚度取值同人防门，由于人防门的厚度通常小于门框墙，故对门框墙厚度不做要求。

对于设置防护密闭门的情况分为仅设置一道防护密闭门未设置防毒或密闭通道的情况和设置有防毒或密闭通道的情况。对于未设置防毒或密闭通道，只有一道防护密闭门的情况，通过门式封堵外侧做砂袋堆垒以满足要求，门框墙厚仅满足结构厚度要求即可；对于设置有防毒或密闭通道的情况，当其内部有防辐射要求时（有防辐射要求的区域见《人民防空地下室设计规范》GB 50038—2005 表3.1.10），有人员停留的房间需要防早期核辐射，防毒通道属于轻微染毒区，不作为正常人员正常停留区域（人员停留房间的解释见《人民防空地下室设计规范》GB 50038—2005 第3.1.7 条、第3.1.8 条的条文说明），密闭通道战时是不允许人员进出的，也不会有人员停留，所以对于设置通道的情况，因其后侧为防毒和密闭通道，第一道防护密闭门门框墙是不用考虑早期核辐射的，但应满足结构计算和构造要求。

17. 乙类防空地下室不考虑动荷载的构件可否理解满足构造要求即可？

[问题补充]《人民防空地下室设计规范》GB 50038—2005 第 4.7.4 条中明确了不考虑常规武器爆炸作用，但是要满足第 4.11 节的构造要求。既然乙类防空地下室不考虑动荷载作用，是否可以理解为不按动荷载作用的常规构件来满足构造要求？比如配筋率及设置拉结筋的条款。

"不考虑动荷载的乙类防空地下室"不是说没有动荷载作用，而是因为动荷载较小，可以不计入荷载作用的控制组合，对于人防工程，动荷载的作用都是存在的，这也是规范要求人防工程都要满足人防构造的原因。

人防工程结构配筋构造主要从两方面考虑：①构件在动荷载作用下会产生振动，使结构出现受压区变受拉区的情形，造成结构破坏；②当实际作用在结构上的荷载远远大于设计荷载时，结构构件开裂破坏，得益于"上下钢筋网通过拉结钢筋连接形成空间网架结构"，结构不致坍塌或坍塌时间延缓，类似于抗震结构"大震"情况下的构造要求。从而强调结构双面配筋，强调结构拉结筋。

对于乙类防空地下室而言，对于可不计入常规武器地面爆炸产生的等效静荷载的构件，在满足人防构造要求的前提下，可以按照正常的民用设计工况组合进行设计（如覆土厚度超一定数值或位于负二层的顶板，离外墙较远的临空墙、隔墙和底板）。

18. 防空地下室结构抗震等级如何确定？

人防工程的抗震等级的确定方法和普通地下工程相同，这与工程是否为人防工程没有关系。因此，人防工程的抗震等级可参照《建筑抗震设计规范》（2016 年版）GB 50011—2010 及《地下结构抗震设计标准》GB/T 51336—2018 确定。

人防工程不考虑武器爆炸荷载与地震同时作用，所以在计算时，武器爆炸荷载作用和地震作用分开计算，根据各种工况荷载组合的计算结果取控制的工况进行截面设计（除了这两种组合外，还有其他组合，荷载规范有规定）。

在构造要求上，这两种作用都会引起地下结构的震动，尽管两种震动不相同也不同时作用，但可以采用相同的构造措施来解决。所以在构造要求中，人防规范对于纵向受力钢筋的锚固和连接接头要求以及图集《防空地下室结构设计（2007 年合订本）》FG01~05 中有关墙体钢筋的构造、梁柱的纵向钢筋的连接以及箍筋的构造要求均与《建筑抗震设计规范》（2016 年版）GB 50011—2010 三级抗震要求一致，这样也方便了人防工程的战时设计与平时地面建筑的抗震设计相结合。也就是说，按人防相关规范及图集规定的构造要求设计，结构的构造要求已经满足三级抗震的要求，但截面的设计（包括截面的尺寸、配筋量等），应按各种工况荷载的控制荷载组合确定。

简言之：

（1）防空地下室结构构造要求是针对战时荷载作用的工况而言，与抗震等级无关，纵向受力钢筋的锚固和连接接头长度只是参考了三级抗震要求，但内涵是不一样的。抗震等级针对的是抗震构件，如框架梁柱、剪力墙，不包括楼板、次梁、非抗震墙体，而防空地下室结构构造针对的是直接或间接承受人防荷载的构件，包括顶板、应人防需要增设的墙体等。

（2）具体工程设计时，应按民用建筑设计规范确定人防工程的抗震等级，应满足较为严格的构造规定。例如某防空地下室按平时功能确定的抗震等级为二级，框架梁柱、剪力墙就要满足二级抗震的构造要求，而不能仅执行《人民防空地下室设计规范》GB 50038—2005 第 4.11.6 条。

19. 对防空地下室结构抗震等级满足三级抗震等级构造要求的理解？

[问题补充] 根据《人民防空地下室设计规范》GB 50038—2005 第 4.11.6 条，纵向受力钢筋的锚固和连接最低为抗震等级三级的构造要求，是否人民防空地下室抗震等级最低为三级？

[相似问题] 人防区构造参照的抗震等级如何确定？当人防区的抗震等级为 4 级时，是否提出应参照的抗震等级不小于 3 级？

（1）防空地下室结构构造要求是针对战时荷载作用的工况而言，与抗震等级无关。

（2）纵向受力钢筋的锚固和连接接头长度要求只是参考了三级抗震要求，但内涵是不一样的。抗震等级针对的是抗震构件，如框架梁柱、剪力墙，不包括楼板、次梁、非抗震墙体；而防空地下室结构构造针对的是直接或间接承受人防荷载的构件，包括顶板、人防需要增设的墙体等。

（3）建筑结构的抗震设防分为地震作用和抗震措施两个方面。《人民防空地下室设计规范》GB 50038—2005 第 4.11.6 条的条文说明所要求的"防空地下室钢筋混凝土结构构件"，其纵向受力钢筋的"锚固和连接接头应符合抗震等级三级的要求"，仅仅指的是抗震措施中的一项要求而已，对于其他的抗震构造措施以及地震作用还要按照结构的抗震等级执行。

例如：

（1）对于四级抗震等级的工程，可仅要求锚固和连接接头按照三级构造要求，其他要求均可按抗震规范对四级抗震要求进行设计；

（2）对平时结构确定的抗震等级高于三级时，框架梁柱、剪力墙既要满足高于三级抗震的构造要求，又要满足人防构造要求（框架梁受压区通长钢筋构造）；顶板、非抗震墙体满足人防构造要求即可。

20.两层地下室，下层防空地下室顶板等效静荷载如何取值？

[问题补充] 当人防工程的上层为非人防工程地下室时，顶板荷载能不能按有地面建筑的顶板等效静荷载进行折减？

人防工程上层为非防空地下室，按此理解，最少为地下两层结构。

对于乙类工程，根据《人民防空地下室设计规范》GB 50038—2005 第 4.7.2 条第二款的要求，位于负二层及以下的顶板可以不考虑人防荷载；

对于甲类工程，按照《全国民用建筑工程设计技术措施—防空地下室》2009JSCS–6 第 56 页第 3.2.4 条第 1 款要求，考虑上部建筑影响的范围包括多层地下室（无上部建筑、负一层为非人防纯地下室）。

对于负二层荷载取值原则如下：

（1）当负一层和负二层均为防空地下室时，负二层人防工程顶板荷载可以按照《人民防空地下室设计规范》GB 50038—2005 第 4.8.9 条和 4.8.14 条防护单元隔墙等效静荷载取值；

（2）当负一层为非防空地下室，负二层为防空地下室时，顶板荷载值可以按照《人民防空地下室设计规范》GB 50038—2005 第 4.8.2 条顶板等效静荷载取值，可考虑上部建筑物影响。

应该说明的是：当负一层为非全埋防空地下室时，或者一面外墙完全露出地面时，应依据《人民防空地下室设计规范》GB 50038—2005 第 4.4.4 条确定是否考虑上部建筑影响。

21.两层地下室，软件计算人防区梁板计算模型组合问题？

[问题补充] 两层地下室，负二层为防空地下室，负一层为普通地下室，PKPM 建模计算人防区梁板时，是否一定要组合两层地下室模型一起计算？

需要组合两层地下室模型，如果只组合一层，会使计算所用的刚度矩阵与实际结构的刚度矩阵有较大差异，从而影响计算结果。通俗理解可以是模型一只有负二层，模型二既有负一层也有负二层两层，在竖向荷载作用下，其轴力和弯矩是不同的，因此会影响计算结果。实际工程设计时，要想得到精度较高的结果，通常做法是软件模型中不光包含两层地下室，还要包含与之对应的地上所有的结构模型。

总之，从软件的原理上考虑，可能对于防空地下室顶板配筋两种模型误差不大，但对于防空地下室的梁柱构件，由于可能会涉及两层地下室和对应的地面建筑抗震因素，两个计算模型计算配筋误差较大，不应单独按单层防空地下室计算。

22.隔震结构地下室是否适合修建甲类或乙类防空地下室？

与传统的抗震技术相比，建筑隔震技术的抗震效果更好，随着我国政府对于隔震行业、隔震技术越发重视，隔震技术推广和应用总体呈上升趋势，采用隔震技术的建筑会越来越多。

隔震结构建筑与防空地下室建设是不矛盾的，经过很好的处理是可以结合建设的。由于防空地下室的特殊要求，考虑防空地下室密闭要求及工程的抗倾覆要求，所以防空地下室下方及内部不能作为隔震层，同时隔震层的设置不能影响防空地下室的防护性能，例如设置隔震沟等设施，不能影响人防结构的密闭要求。

应该说明，当隔震层设在防空地下室上部时，由于隔震层把上部结构和下部防空地下室隔离开来，对人防工程抗倾覆有利。

第 2 章
防护标准

23. 城市地下空间建设兼顾人防需要的人防工程如何确定结构防护标准？

地下空间兼顾人防的工程，除地铁工程有相应的《轨道交通工程人民防空设计规范》RFJ 02—2009 外，其他工程目前国家没有标准。对于目前没有国家标准的工程，如综合管廊兼顾人防等，如果当地有相关地方建设标准，可按地方标准设计；如果当地没有地方标准，可根据工程类型依据《人民防空地下室设计规范》GB 50038—2005设计。设计时，应先由人防主管部门确定人防等级，再按相应规范设计。

24. 人防工程顶板错层时，是否满足人防防护要求？

[问题补充] 地下二层是人防工程。有个房间顶部高出地下二层（全封闭四周临空），顶部没有高出室外地面，是否满足人防防护要求？

这种问题在塔楼下面一般比较常见，核心筒顶板一般都比周边顶板高，外围一圈的墙体也因此由密闭隔墙变成了临空墙，只要满足《人民防空地下室设计规范》GB 50038—2005 第 3.2.15 条相关要求就可以。

但实际设计图纸中，从结构角度要考虑以下问题：

（1）墙体荷载应依据其位置按临空墙或者非防护区与防护区之间隔墙考虑结构荷载；

（2）多数情况下，墙体只是上部有墙，下部防空地下室内是无墙的，也就是说，高出来的这部分可能是梁或深梁，其配筋和构造应同时满足梁（或深梁）和临空墙的要求，并应单独画出大样表示。

25. 核六级、常五级防空地下室在负三层时，防护设备可以按六级设置吗？

[问题补充] 当在防空地下室负三层或者负四层，距地面埋深超过 5m 时，甲类核六级、常五级人防工程，是否可以不考虑常五级人防荷载，人防防护设备按核六级设置？

《人民防空地下室设计规范》GB 50038—2005 第 4.7.7 条规定仅当室内出入口距地面建筑外墙一定水平距离时，对常规武器荷载折减有规定，与出入口防护设备距地面的深度是不同的概念。由于常规武器爆炸冲击波荷载在通道内传播，较地面传播衰减要小得多，所以《人民防空地下室设计规范》GB 50038—2005 第 4.7.5 条规定，其通道长度大于 15m 时，人防门框墙（人防门）仍要考虑爆炸荷载作用，因此没有任何条件支持墙体和设备不考虑常 5 级作用的理由，人防防护设备按核 6 级设置是不合理的。

26. 多层防空地下室不同等级人防工程如何设计？

[问题补充] 两层地下室，负一层设置人防，负二层为非人防，或者负一层抗力等级高于负二层，请问负一层的梁板该如何设计？

对于多层地下室结构，当防空地下室未设在最下层时，宜按《人民防空地下室设计规范》GB 50038—2005 要求，对防空地下室以下各层采取临战封堵转换措施，确保空气冲击波不进入防空地下室以下各层。此时防空地下室顶板及其以下各层的内墙、外墙、柱以及最下层底板均应考虑核武器爆炸动荷载作用，防空地下室底板可不考虑核武器爆炸动荷载作用，按平时使用荷载计算，但该底板混凝土折算厚度不应小于 200mm，配筋应符合《人民防空地下室设计规范》GB 50038—2005 第 4.11节规定的构造要求。

当不能对防空地下室以下各层进行临战封堵，或在临战时不对防空地下室以下各层采取临战封堵转换措施，未能确保空气冲击波不进入以下各层时，防空地下室底板及防空地下室以下各层内墙、外墙、柱都均要考虑核武器爆炸动荷载作用，这时防空地下室以下各层内墙、外墙、柱等竖向构件不但承担人防水平荷载作用，还需承担作用于防空地下室底板的反向竖向人防荷载作用，这就可能导致竖向构件同时承受弯矩和轴心拉力，不仅使计算复杂，也不经济，故不宜采用。

对于负一层抗力等级高于负二层抗力等级的情况，负一层以下各层的内墙、外墙、柱均应按负一层抗力等级考虑核武器爆炸动荷载作用，负一层底板荷载应按相邻防护单元隔墙荷载，但只计入作用在楼板下表面的等效静荷载标准值。负一层抗力等级高于负二层抗力等级的情况也不宜采用。

说明一下，另外对于多层的防空地下室最下面的基础底板，核武器爆炸动荷载的作用是顶板核武器爆炸作用的地基反力引起的，所以甲类工程应按《人民防空地下室设计规范》GB 50038—2005 第 4.8.12 条的要求考虑核武器爆炸动荷载的作用，乙类工程按该规范第 4.7.4 条规定，底板可不考虑常规武器地面爆炸的作用。

27. 如何正确区分附建式防空地下室和单建式人防工程？

[问题补充] 如处于四周空旷的地下车库，其上部仅局部有一两层物业用房建筑，

此时人防部分能否按附建式防空地下室设计？

首先应该说明的是，附建式是以前的工程叫法，目前的统一规范为：有地面建筑的防空地下室和没有地面建筑的单建式人防工程。

（1）建设程序上比较容易区分，走单建程序的就是单建式人防工程，走结建程序的就是防空地下室。

（2）技术上的单建式人防工程与防空地下室的区分：

根据《中华人民共和国人民防空法》第十八条"人民防空工程包括为保障战时人员与物资掩蔽、人民防空指挥、医疗救护等而单独修建的地下防护建筑，以及结合地面建筑修建的战时可用于防空的地下室"。对于大底板局部有地上建筑情况，无论地上层数多少，实质上仍然属于结合地面建筑修建的防空地下室。

《人民防空地下室设计规范》GB 50038—2005 适用范围，按第 1.0.2 条要求"本规范适用于新建或改建的属于下列抗力级别范围内的甲、乙类防空地下室以及居住小区内的结合民用建筑易地修建的甲、乙类单建掘开式人防工程设计"。

人防工程设计规范适用于新建、扩建的坑道、地道和单建掘开式人防工程，以及地下空间兼顾人防需要的工程。

比较防空地下室和人防工程两本规范，除在单建掘开式应用范围有交叉，其余的应用范围是很明确的。《人民防空地下室设计规范》GB 50038—2005 所涉及的单建地下室是居住小区内结合民用建筑易地修建的；而人防工程设计规范所涉及的单建人防工程包含的范围更广，也没有易地建设要求。在此意义上说，人防工程包含了更大范围的单建式，防空地下室规范所说的单建式可以认为类似于人防工程的特例。

第3章

结构荷载确定

第1节 一般概念

28. 按规范公式计算与查表确定的常规武器等效静荷载差距较大,如何采用?

[问题补充] 按《人民防空地下室设计规范》GB 50038—2005 的计算公式算得的常规武器等效静荷载标准值和查表所得的结果差距较大,如何采用?

为方便设计,《人民防空地下室设计规范》GB 50038—2005 提供了核武器和常规武器等效静荷载标准值的取值表,供设计人员使用。表 4.7.2 所示防空地下室顶板按规定的常规武器作用下,等效静荷载标准值的计算条件为:"顶板为钢筋混凝土梁板或密肋板结构,混凝土强度等级为 C25,在常规武器爆炸动荷载作用下按允许延性比 [β] 等于 4.0;顶板周边按固支考虑;板厚对常 5 级取 250~400mm,对常 6 级取 200~300mm;板短边净跨取 4~5m。"表 4.7.3 所示防空地下室外墙按规定的常规武器作用下等效静荷载标准值的计算条件为:"对于砌体外墙,净高按 2.6~3m,墙体厚度取 490mm,允许延性比 [β] 等于 1.0。对于钢筋混凝土外墙,考虑单向板或双向板,计算高度 ≤ 5m,且在常规武器爆炸动荷载作用下按允许延性比 [β] 等于 3.0 计算,墙厚对于常 5 级取 300~400mm,对常 6 级取 250~350mm;混凝土强度等级取 C25~C40。"

但当按规范提供的公式计算时,所得的计算值与上述表中的计算值区别较大,原因是计算公式对结构的刚度变化非常敏感,具体表现在 ω 一旦不同计算值就有很大的不同。例如:对于顶板,板跨增加,等效静荷载值明显减小,板跨减小,等效静荷载值增加,这方面并不完全包含在《人民防空地下室设计规范》GB 50038—2005 表 4.7.2 的范围内。并且四边简支和四边固定的 ω 值不同,等效静荷载值相差也较大。外墙的计算结果也如此,与表中提供的不同。

实际工程设计时,如果为防空地下室,且符合防空地下室规范的使用条件,就应该采用防空地下室给出的等效静荷载值,以查表法为主,同时结合《防空地下室结构设计手册》RFJ 04—2015 的等效静荷载补充完成设计。

29. 人防工程规范和防空地下室规范等效静荷载有差异如何取用?

[问题补充] 按人防工程设计规范和《人民防空地下室设计规范》GB 50038—2005 计算(或查表)所得的常规武器等效静荷载标准值相差较大,如何取用?

人防工程设计规范和《人民防空地下室设计规范》GB 50038—2005 对防常规武器给出了具体设计要求和计算方法。两本规范常规武器的编制单位不同,各自都作了大量深入的试验和研究。由于武器爆炸的不确定性,各自拟合的计算公式有所区别,经专家论证,两本规范的规定都有其正确性和合理性。具体应用时,主要根据工程的性质和建设方式,依据规范的适用范围,选用相应的规范设计和计算,两本规范不得混用。

30. 封堵孔口处封堵构件及其支承墙体荷载如何考虑?

目前孔口封堵类型较多,先对孔口封堵进行一下分类。按孔口封堵的位置分,可以分为:出入口封堵、防护单元之间封堵以及防护区与非防护区之间封堵;按封堵构件的类型可分为:门式封堵、板式封堵、型钢封堵及混凝土预制梁封堵;按受力特点分类,可分为:单向受力封堵和双向受力封堵。具体的封堵构件形式由建筑专业设计人员根据当地人防工程建设主管部门的要求确定。所涉及的图集主要有《人民防空工程防护设备选用图集》RFJ 01—2008 和《防空地下室防护设备选用图集》07FJ03 及《防空地下室建筑构造图集》07FJ02。

在封堵构件结构计算中,已考虑了封堵构件等效静荷载与支承其墙体的等效静荷载有所区别。例如在核爆动荷载作用下,封堵构件按受弯构件考虑,允许延性比取 3.0;支承墙体按大偏心受压构件考虑,允许延性比取 2.0;故尽管动荷载取值相同,由于动力系数取值不同,等效静荷载取值有所区别。

规范对人防封堵构件上等效静荷载规定很明确,其荷载取值可按《人民防空地下室设计规范》GB 50038—2005 第 4.12 节中的第 4.12.3 条、第 4.12.4 条、第 4.12.5 条等对应常规武器和核武器荷载作用下等效静荷载标准值取值即可。

对于直接作用于人防封堵门框墙上等效静荷载,首先,人防封堵门框墙上所受空气冲击波动荷载与封堵构件上的动荷载是相同的,但是,由于荷载动力系数的不同,会造成有所差别。考虑到人防封堵构件与出入口的防护密闭门不同,战时没有开启功能,可以按弹塑性计算结构动力系数。考虑塑性的多少决定动力系数的取值。墙体作为大偏心受压构件,其动力系数较人防封堵构件稍大(此部分内容可参考《人民防空地下室设计规范》GB 50038—2005 第 4.12.4 条文说明),作为人防封堵门框墙,其直接作用结构等效静荷载可按相同部分的临空墙荷载考虑,取值示意图可见《防空地下室设计荷载及结构构造》07FG01 第 50 页。

计算方法与防密门门框墙计算相似,其受力主要是两部分,一是受冲击波直接作用的荷载,二是由封堵构件传来的荷载。

对于封堵构件传来的荷载，应根据封堵构件的类型及受力特点确定。如是门式封堵，可参考《人民防空地下室设计规范》GB 50038—2005 第4.7.5 条相关表格确定。如是梁式封堵，可根据封堵方向确定力的传递。应该说明的是，对于门框墙这类支撑构件，由于受力集中，构件尺寸较小，往往配筋大小对整个工程造价影响不大，设计中倾向于保守，以免工程出现薄弱环节。

31. 当人防工程未设在最下层时，下层结构墙柱梁荷载如何考虑？

[问题补充] 当防空地下室未设在最下层时，防空地下室以下空间平时为停车场，这些部位的墙、柱、梁上的荷载如何考虑？

通常设计中建设单位经常提出这类问题。希望设计单位仅对下部结构的墙柱梁考虑人防荷载进行设计即可，不考虑对防空地下室下层空间进行围护和封堵，这样可以增加停车位、增加收益。但是对多层地下室结构，当防空地下室未设在最下层时，若在临战时来不及对防空地下室以下各层采取封堵加固措施，确保空气冲击波不进入以下各层，则防空地下室底板及防空地下室以下各层的中间墙柱设计时都要考虑核武器爆炸动荷载作用，这样不仅使计算复杂，也很不经济，故不宜采用。

按《人民防空地下室设计规范》GB 50038—2005 第4.8.12 条规定：对多层地下室结构，当防空地下室未设在最下层时，宜在临战时对防空地下室以下各层采取临战封堵转换措施，确保空气冲击波不进入防空地下室以下各层。此时防空地下室顶板和防空地下室及其以下各层的内、外墙、柱以及最下层底板均应考虑核武器爆炸动荷载作用，防空地下室底板可不考虑核武器爆炸动荷载作用，按平时使用荷载计算，其混凝土折算厚度应不小于200mm。配筋应符合规范第4.11 节规定的构造要求。

32. 考虑上部建筑物对顶板等效静荷载的影响的条件？

[问题补充]《人民防空地下室设计规范》GB 50038—2005 第4.3.4 条考虑上部建筑影响的情形局限于"底层外墙为钢筋混凝土结构和砌体结构"，对于框架结构、框剪结构等底层采用填充墙（如加气混凝土砌块填充墙）是否也可考虑上部建筑物对超压作用的影响？

《人民防空地下室设计规范》GB 50038—2005 第4.3.4 条与第4.4.4 条均表述的是考虑上部建筑影响对荷载取值的折减。根据第4.4.4 条条文说明"关于墙体材料，按相当于一般砖砌体的强度作为考虑对冲击波波形影响的条件。故对采用石棉板、矿渣板等轻质材料的墙体以不考虑其对冲击波的影响为宜；对预制混凝土大板的墙体，一般可视同砖墙，可考虑其对冲击波波形的影响"。所以填充墙墙体的强度及连接满足砖砌体的强度时，可以满足其对冲击波波形的影响的条件。对于框架结构、框剪结构等底层采用填充墙（如加气混凝土砌块填充墙）形式，可以针对砌体结构的强度及实际的开孔率具体确定。

应该说明的是，考虑地面建筑影响的条件是相对苛刻的，要求地面建筑四面外墙同时满足条件，目前能满足这种条件的建筑并不多，同时由于地面建筑外墙对空气冲击波的反射作用，造成地面建筑外墙外侧土中压缩波变大，规范给出了外墙荷载变大的参数，如果地面建筑外墙外侧仍为防空地下室顶板，该顶板等效静荷载也应考虑空气冲击波的受外墙反射作用的影响而变大，但规范中并没有体现。

第 2 节　顶板等效静荷载

33. 大于 h_m 等效静荷载如何计算？

[问题补充] 覆土厚度大于最不利厚度 h_m，核武器等效静荷载怎么取？如核 6 级，8.4m 跨，最不利覆土厚度为 3.8m，现覆土厚为 4m 该如何取值？有计算公式吗？

顶板覆土厚度大于 h_m 时综合反射系数取值按 h_m 时取值，从而计算结构等效静荷载。

先解释最不利覆土厚度 h_m。核爆炸空气冲击波感生的土中压缩波在土体中垂直向下传播，在松软的土中传播时，遇到相对坚硬的混凝土结构顶板表面，会产生反射，反射的压缩波会垂直向上传播，当它返回自由地表时，由于空气相对土体表面，相当于自由端，压缩波遇到地表会产生新的反射，这种反射就变成了向下传播的拉伸波（又叫卸载波），拉伸波所到之处压力迅速降低。当它再传到结构顶板上时，顶板上的压力亦随之减少，对结构受到第一次压缩波荷载效应有抵消作用，即这种拉伸波对结构是有利（图 3-1）。但是，由于反射压缩波垂直向上传播到达地表，再由地表反射形成拉伸波到达结构顶板，需要两倍的覆土厚度除以传播速度的时间 t，所以当覆土厚度越大，拉伸波到达结构顶板上的时间距压缩波到达顶板时的时间越长，也就是说，压缩波与拉伸波间隔的时间越长，拉伸波对结构的卸载作用越弱。当对应一个顶板覆土厚度，拉伸波到达结构顶板时，压缩波对结构顶板的作用已经完成，那么拉伸波的到来，对结构受力已没有影响，这时拉伸波对压缩波荷载效应的抵消作用就没有了，这时的顶板埋置深度就是最不利覆土厚度 h_m。这一变化过程，反映在结构顶板综合反射系数上，当顶板覆土厚度为零时，综合反射系数可取 1.0；随着覆土厚度增加，综合反射系数会越来越大于 1.0，也就是拉伸波对结构的卸载作用越来越弱的过程；当顶板埋置深度到达最不利覆土厚度 h_m 时，综合反射系数变成了最大值，此时顶板覆土厚度再增加，综合反射系数就不再变大了。所以当顶板综合反射系数大于 h_m 时等效静荷载取值按 h_m 取值。

补充说明，土中压缩波在传播中，随深度而衰减，随传播深度的增加，压缩波峰值衰减，其效果是降低对结构的动力作用。也就是说，结构埋置越深，压缩波荷载越衰减，结构顶板受力越小。所以，虽说顶板综合反射系数在大于 h_m 时就是一个定值，但由于压缩波随深度而衰减，实际上结构顶板受力最不利的深度，就是最不利覆土厚度 h_m。

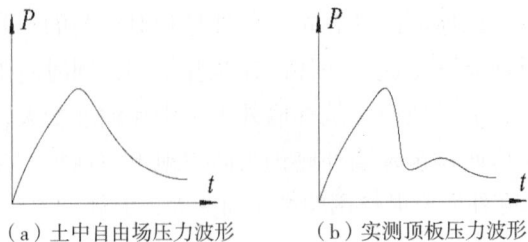

（a）土中自由场压力波形　　　（b）实测顶板压力波形

图 3-1　土中压力波形

从具体工程问题来看，该工程应为不考虑上部建筑影响的核 6 级单建单层平顶框架结构的防空地下室，如何计算得出顶板核武器爆炸等效静荷载标准值。《人民防空地下室设计规范》GB 50038—2005 对覆土大于最不利覆土厚度情况可按如下步骤计算：

（1）按照第 4.4.3 条公式计算求出核武器爆炸中土中压缩波的最大压力 P_h（kN/m²）。

（2）按照第 4.5.2 条公式计算求出防空地下室结构顶板的核武器爆炸动荷载最大压力 P_{c1}（kN/m²）和升压时间 t_{0h}；在确定综合反射系数时，依据第 4.5.3 条第 2 款规定，覆土厚度大于或等于最不利覆土厚度时，按表 4.5.3 直接查表确定。

（3）根据升压时间 t_{0h}、自振圆频率 ω（附录 C）、允许延性比可以查出动力系数 K_{d1}，然后按照第 4.6.4 条公式计算求出核武器爆炸动荷载作用下的顶板均布等效静荷载标准值 q_{e1}（kN/m²）。

应该说明的是，由于《人民防空地下室设计规范》GB 50038—2005 只是内部出版物，在等效静荷载计算中，有些参数在该规范中是找不到的，所以通常不做计算或参照人防工程设计规范等资料补充参数进行计算。

34. 地下室加固改造时，常规武器顶板等效静荷载边跨向中间跨可否递减？

[问题补充] 横、纵向跨数均较多的已建普通地下工程进行乙类附建式人防工程加固改造中，工程顶板等效静荷载标准值是否可由边跨向内部中间跨递减？如何递减？

采用《人民防空地下室规范》GB 50038—2005 进行设计的工程，应依据该规范进行设计，按规范第 4.7.2 条文说明要求，"本规范对同一覆土厚度不同区格跨度顶板的等效静荷载取单一数值"，建议不考虑等效静荷载边跨向中间跨递减。

35. 人防工程设在负 2 层时，等效荷载可以按考虑上部建筑影响取值？

[问题补充] 多层地下车库（地上无建筑），负一层为普通地下室，防空地下室设在负二层时，顶板及临空墙等效荷载是否可以按照考虑上部建筑影响取值？

防空地下室顶板考虑上部建筑影响的条件和外墙考虑上部建筑影响的条件是不同的。顶板的条件为《人民防空地下室设计规范》GB 50038—2005 第 4.4.4 条，而外墙的条件为第 4.4.7 条。根据《全国民用建筑工程设计技术措施—防空地下室》2009JSCS—6 第 3.2.4 条对规范条文的深化，顶板考虑上部建筑的影响中的上部建筑指防空地下室上方的非人防建筑，可能是地面建筑，也可能是多层地下室中的防空地下室层上方的非防空地下室层。又根据《全国民用建筑工程设计技术措施—防空地下室》2009JSCS—6 第 3.2.5 条，结构外墙考虑上部建筑的影响，这里的上部建筑指的是地面建筑。因此，在问题中地下一层满足《人民防空地下室设计规范》GB 50038—2005 第 4.4.4 条相关要求时，顶板可以考虑上部建筑的影响，而外墙由于没有地面建筑，不可以考虑。对于室内出入口的临空墙和门框墙由于其考虑地上建筑影响的条件和顶板是等同的，因此也可以考虑。

总之，地下一层属于地下二层防空地下室的上部建筑，防空地下室顶板、临空墙和门框墙可以按照考虑上部建筑影响取值。

36. 覆土大于 1.5m 时，人防荷载如何取值？

[问题补充]《人民防空地下室设计规范》GB 50038—2005 第 4.8.2 条中，建议至少增加顶板覆土厚度为 $1.5m < h \leqslant 2.0m$ 的荷载取值情况。

顶板覆土大于 1.5m 时，甲类防空地下室等效静荷载可按《全国民用建筑工程设计技术措施—防空地下室》2009JSCS—6 第 3.3 节或《防空地下室结构设计手册》RFJ 04—2015 表 8-1-1、表 8-2-1、表 8-3-1、表 8-4-1、表 8-4-2 取值；乙类防空地下室等效静荷载可按《全国民用建筑工程设计技术措施—防空地下室》2009JSCS—6 第 3.4 节或《防空地下室结构设计手册》RFJ 04—2015 表 9-1-1、表 9-2-1、表 9-2-2 取值。

37. 负二层人防工程以坡道作为主要出入口，负一层坡道板荷载如何取值？

[问题补充] 两层地下室，负二层为防空地下室，负一层为普通地下室，负一层作为人防主要出入口的车道，如图 3-2 所示，车道板荷载 q_{e1}、q_{e2} 如何取值？

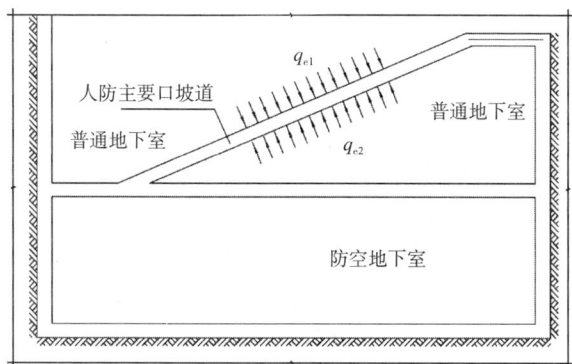

图 3-2　负二层防空地下室荷载图

主要出入口的主要职能是保证战时武器打击以后，人员还能从主要出入口出入。这就要求人防工程防护密闭门以外通道，在出地面以前，都应考虑人防受力的要求。当汽车通道作为人防主要出入口时，要画出人员走出主要出入口到达地面的路线，在路线上，人防顶板、顶板梁、墙柱及基础均应按人防荷载设计。

坡道顶盖按负一层防空地下室顶板取值；坡道板（图 3-2）当为封闭式汽车坡道时，坡道板上侧可近似按临空墙等效静荷载的 0.9 倍取值，当为非封闭式汽车坡道时，坡道板上侧人防荷载取值可参照楼梯板正面等效静荷载取值；坡道板下侧当为防空地下室或由临空墙围合的封闭空间时可不考虑冲击波作用，当为普通地下室时，要考虑负二层冲击波向上的作用，荷载可参照负二层顶板取值。应该说明的是：坡道板上侧荷载与下侧荷载不同时作用。

38. 乙类防空地下室，距防护单元轮廓内侧大于 5m 的顶板人防荷载取值？

[问题补充]《人民防空地下室设计规范》GB 50038—2005 第 4.7.7 条，当室内出入口侧壁内侧至外墙外侧的最小距离大于 5.0m 时，门框墙和临空墙可不考虑人防荷载；审图经常把主楼的外轮廓剪力墙作为外墙看待，我的理解是把地下室轮廓的挡土墙或者单元隔墙作为外墙看待，只要武器在某个防护单元轮廓的 5.0m 外爆炸，都可以不考虑人防荷载。因为防空地下室不能直接承受武器命中，如果武器直接命中该防护单元顶板，本身该防护单元已经被破坏，室内非主要出入口已经没有效用。

同上道理，乙类防空地下室的顶板荷载，是不是可以只考虑防护单元轮廓内侧 5.0m 范围有人防荷载，轮廓内侧大于 5.0m 的顶板就可以不考虑人防荷载？

对于防空地下室室内出入口侧壁内侧至地面建筑外墙外侧的最小水平距离大于 5.0m 时，《人民防空地下室设计规范》GB 50038—2005 第 4.7.7 条第 2 款规定，防空地下室室内出入口门框墙、临空墙可不计入常规武器地面爆炸产生的等效静荷载，但应符合构造要求。注意这是指室内出入口，考虑计入或不计入常规武器地面爆炸产生的等效静荷载以 5.0m 为界。对于防空地下室的顶板，不适用这个界限，原因如下：

（1）由于常规武器爆炸冲击波的主要特点是作用时间短，绕过障碍物的能力较弱，传播过程中随距离衰减较快，所以当常规武器爆炸冲击波绕过地面建筑外墙进入室内后，再经过 5.0m 的传播认为已衰减到可以忽略其对人防出入口墙体的作用。

（2）确定顶板与爆心的距离和确定室内出入口临空墙、门框墙与爆心的距离路径是不一样的，后者还需要考虑楼梯的竖向高度，也就是说，5.0m 指的是外墙外侧至室内出入口侧壁内侧的水平距离，到达临空墙、门框墙的计算距离 L（《人民防空地下室设计规范》GB 50038—2005 图 4.7.5-2）是大于 5.0m 的。

（3）对于人防顶板，按某当量的炸弹在人防外 xm 的地方地面爆炸，顶板周边常规武器地面爆炸产生的等效静荷载数值较大，越到中间越小。由于规范规定的炸弹当量以及距离外墙的距离和地面爆炸的方式都是人为假定的，实际情况会有较大的出入。

另外，由于爆炸时会产生震动以及可能遇到不可预见的因素，要求设计时查《人民防空地下室设计规范》GB 50038—2005 表 4.7.2，按全部人防顶板承受常规武器地面爆炸产生的等效静荷载为相同的均布荷载设计。这与战术技术要求的初衷一致，也体现了顶板的设防能力。

39. 建议增加无梁楼盖等效静荷载取值表格?

[问题补充] 顶板等效静荷载取值表格中只有顶板结构等效静荷载，没有无梁板等效静荷载取值，可否增加有无梁板表格，方便查找?

人防荷载是结构受到的动力荷载，在确定等效静荷载时，是与结构的自振周期有密切关系的。《人民防空地下室设计规范》GB 50038—2005 给出的是梁板结构等效静荷载，对于无梁楼盖，结构的自振特性和梁板结构是不一致的，所以，按梁板结构选用等效静荷载，肯定会产生一些误差，但考虑到防空地下室等效静荷载确定过程中本身就存在较大的误差范围，一般认为，按现行规范查表确定的等效静荷载可以满足设计要求。

需要确定无梁楼板的等效静荷载时，建议依据《人民防空地下室设计规范》GB 50038—2005 计算其对应的等效静荷载，目前《全国民用建筑工程设计技术措施—防空地下室》2009JSCS—6 中的结构部分，按第 3.3.2 节的第 1 条的第（3）小条说明，对无梁楼盖荷载也可按表 3.3.2-1 确定。

40. "顶板区格最大短边净跨"如何理解?

[问题补充]《人民防空地下室设计规范》GB 50038—2005 表 4.8.2 中"顶板区格最大短边净跨"如何理解? 比如：井字梁结构体系，按照主梁之间的净跨取值还是按照次梁之间的净跨取值?

规范指的是板的净跨，对无梁楼盖结构、密肋板结构系指柱网区格。

《人民防空地下室设计规范》GB 50038—2005 表 4.8.2 中"顶板区格最大短边净跨"对于梁板结构，系指由周边墙体、主梁及次梁围合的板块短边跨度。

在顶板受爆炸动荷载作用下，为了方便计算，要把爆炸动荷载转换为等效静荷载，等效静荷载的大小，由动荷载的大小、动力荷载作用时间长短、顶板的自振频率及结构的延性比等参数计算确定，由于延性比对结构顶板是定值，顶板自振频率是较重要的影响参数，在顶板厚度变化不大的情况下，顶板结构短边的跨度对自振频率影响较大，所以选取短边跨度作为查表确定顶板等效静荷载的参数。

41. 上层人防物资库作为下层人防工程顶板时物资荷载如何参与组合?

[问题补充] 上下两层均为防空地下室，如果负一层为人防物资库，那么负一层

楼板计算时考虑物资库的荷载取多少合适？此时按照活载计算考虑最不利布置还是按照恒载输入与人防等效静荷载组合计算哪个更合理？

按照《人民防空地下室设计规范》GB 50038—2005 第 3.2.16 条要求，战时为人防物资库的防空地下室，应按储存非易燃易爆战时必需品的综合物资库设计。

按照民用设计规范，《物资仓库设计规范》SBJ 09—1995 第 8.1.2 条物资库的荷载应按照等效均布活荷载考虑。

按照人防设计规范，在人防工程设计规范中是将战时物资堆放荷载按照静荷载考虑。

首先，考虑到物资存放一般在战前已完成物资的储存堆放，所以要满足平时状态的荷载要求，按活荷载考虑，并考虑最不利布置与恒载进行组合计算。

其次，当人防工程战时遭受打击时，物资库内由于已堆放物资，此时物资堆放所产生的荷载与人防等效静荷载会同时存在，所以物资堆放荷载应按静荷载考虑，参与战时人防设计荷载组合计算。

综合以上两点分析，建议物资库荷载分两种情况分别计算，并取两次计算结果进行包络设计，方能确保人防物资库设计的安全可靠。

物资库的荷载取值可按照《人民防空物资库工程设计标准》RFJ 2—2004 附表格取值。由于人民防空物资库工程设计标准不是流通书籍，即使有这本规范，对于不能确定物资种类和物资库内物资堆放位置的情况，也是无法确定荷载的大小。如果没有人民防空物资库工程设计标准或没有确定物资种类和堆放排布，在进行设计时提供以下几本规范进行荷载取值的参考：

（1）对于对战时存放物资种类有特殊要求的工程，也可根据具体物资种类确定荷载，比如可以参照民用设计采用的《物资仓库设计规范》SBJ 09—1995（表 3-1、表 3-2）。

等效均布活荷就标准值　　　　　　　表 3-1

库房		楼面地面	等效均布活荷载（kN/m²）	准永久值系数（φ_q）	备注
名称	物资类别				
金属库	—	地面	120.0	—	
机电产品库	一、二类机电产品	地面	35.0	—	
	三类机电产品	楼面	9.0/5.0	0.85	堆码/货架
	车库	楼/地面	4.0	0.85	
化工轻工物资库	一、二类化工轻工物资	地面	35.0	—	
	三类化工轻工物资	楼/地面	18.0/30.0	0.85	
建筑材料库	—	楼/地面	20.0/30.0	0.85	
楼梯	—		4.0	0.50	

常见生产资料分类表　　　　　　　　　　　　表 3-2

物资类别		示例
金属物资	黑色金属	型材、异型材、板材、管材、线材、丝材、钢轨及配件车轮、钢带、钢锭、钢坯、生铁、铸铁管、金属锰
	有色金属	型材、板材、管材、丝材、带材、金属锭、汞
机电产品	一类	锅炉、破碎机、推土机、挖土机、汽车、拖拉机、起重机、锻压设备、汽轮机、发电机、卷扬机、空气压缩机、木工机床、金属切削机床
	二类	水泵、风机、乙炔发生器、阀门、风动工具、电动葫芦、台钻、砂轮机、电动机、电焊机、手提式电钻、材料试验机、钢瓶、变压器、电缆、高压电器、低压电器
	三类	机床附件、磨具、磨料、量具、刃具、轴承、成分分析仪器、医疗器械、电工仪表、工业自动化仪表、光学仪器、实验室仪器
化工、轻工物资	一类	一级易燃液体、压缩气体及液化气体、腐蚀性液体、自然物品 一级易燃固体、遇水燃烧物、一般氧化剂、剧毒品、腐蚀性固体
	二类	二级氧化剂、二级易燃固体、二级易燃液体、化肥、纯碱、油漆
	三类	橡胶原料及制品、人造橡胶、塑料原料及制品、纸浆及纸张
建筑材料		水泥、油毡、玻璃、沥青、卫生陶瓷、生石灰、大理石、砖、瓦、砂、碎石
木材		原木、板、枋、枕木、胶合板
煤炭		煤、泥炭、焦炭

但《物资仓库设计规范》SBJ 09—1995 的物资种类并不与《人民防空地下室设计规范》GB 50038—2005 第 3.2.16 条相符，按物资设计规范取值偏大，应按实际物资种类确定相应荷载。

（2）参照《全国民用建筑工程技术措施》2009JSCS 和其他一些关于荷载取值的书籍（如《西南地区建筑标准设计通用图集—墙》11G112）等确定。

（3）参考《商业仓库设计规范》SBJ 01—1988（表 3-3）。

商业仓库库房楼（地）平均布活荷载　　　　　　　表 3-3

项次	类别	标准值（kN/m²）	准永久值系数（φ_q）	组合值系数（φ_c）	备注
1	储存容重较大商品的楼面	20	0.8		考虑起重量1000kg以内的叉车作业
2	储存容重较轻商品的楼面	15	0.8		
3	储存轻泡商品的楼商	8~10	0.8		—
4	综合商品仓库的楼面	15	0.8	0.9	考虑起重量1000kg以内的叉车作业
5	各类库房的底层地面	20~30	0.8		
6	单层五金原材料库的库房地面	60~80	0.8		考虑载货汽车入库
7	单层包装糖库的库房地面	40~45	0.8		
8	穿堂、走道、收发整理间楼面	10	0.5	0.7	—
		15	0.5		考虑起重量1000kg以内的叉车作业
9	楼梯	3.5	0.5	0.7	—

设计建议：由于物资重量较大，从经济性和安全性考虑，对于多层防空地下室，物资库放到最底层为宜，特别对于无法确定物资种类的工程，这样做可以不用考虑楼板的物资荷载，回避了荷载取值不确定性的问题。如果一定要放到多层防空地下室的中间层，对于甲类工程可考虑将物资库所在层和下一层设计为一个防护单元，这样对于物资库下面的一层楼板可以只进行平时状态的组合进行计算，达到减小配筋和构件尺寸的目的；对于乙类工程由于上下防护单元间楼板不考虑人防荷载，经济性与甲类工程物资库所在层和下一层设计为一个防护单元的方案相当。

42. 多层防空地下室，上层工程临战设置的干厕、水箱等，按哪种荷载考虑？

[问题补充] 多层防空地下室，上层人防工程内临战设置的干厕、挡墙和水箱，按恒载还是活载考虑？

根据《建筑结构荷载规范》GB 50009—2012 第 2.1.1 条、2.1.2 条、3.1.1 条规定：

"永久荷载：在结构使用期间，其值不随时间变化，或其变化与平均值相比可以忽略不计，或其变化是单调的并能趋于限值的荷载；可变荷载：在结构使用期间，其值随时间变化，且其变化与平均值相比不可以忽略不计的荷载。

永久荷载包括结构自重、土压力、预应力等；可变荷载包括楼面活荷载、屋面活荷载和积灰荷载、吊车荷载、风荷载、雪荷载、温度作用等。"

对于多层防空地下室，上层人防临战设置的干厕、挡墙和水箱等虽是临战才安装，但安装完后，其荷载不随时间而变化，保持不变，所以按恒载考虑更合适，在设计中，由于上述荷载为局部荷载，也可作等效处理，按面荷载设计。

第 3 节　底板等效静荷载

43. 底板荷载取值可否根据底板板底和常年地下水位的关系加以细化？

[问题补充]《人民防空地下室设计规范》GB 50038—2005 第 4.8.16 条中规定独立柱基加防水底板要取人防荷载，建议细化为独立柱基和防水底板在岩石上且底板底标高在常年永久地下水标高以下的情况，因要考虑压缩波的绕射要考虑底板人防荷载，若在永久地下水标高以上则因不考虑压缩波的绕射而不考虑底板人防荷载。

防空地下室规范对于底板等效静荷载取值与水位关系的要求是明确的，具体可分为以下几种情况考虑：

（1）乙类工程无论是否考虑地下水，也无论基础是何种形式均可不考虑等效静荷载，具体见《人民防空地下室设计规范》GB 50038—2005 第 4.7.4 条。

（2）甲类工程分为 3 种情况：

①对于端承桩基础的底板，其底板是不受地基反力的影响的，没有地下水也就

没有人防等效静荷载，而当有地下水时，其荷载是来自于波的绕射，具体见《人民防空地下室设计规范》GB 50038—2005 表 4.8.15。

②对于非端承桩，底板等效静荷载并不是全部来由波沿水的绕射产生，还有部分是来自于顶板受冲击波作用后，结构整体向下运动由地基反力产生，究竟哪个为主导荷载，并不能精确分析出来，当然对于无地下水肯定是整体向下运动产生的反力为主导。对于非端承桩底板等效静荷载取值见《人民防空地下室设计规范》GB 50038—2005 第 4.8.15 条。

③对于独立基础，当无地下水时，采取有效措施避免防水底板承担地基反力，防水底板可不考虑等效静荷载作用；当有地下水时，底板等效静荷载取值见《人民防空地下室设计规范》GB 50038—2005 第 4.8.16 条取值。

④最后一种情况就是非桩基的筏形基础，这种基础的受力与第 2 种情况有类似的地方，但是主导荷载是地基反力，具体见《人民防空地下室设计规范》GB 50038—2005 表 4.8.5 和表 4.8.6-2。

44. 核武器作用下，梁筏基础和有桩基底板的荷载如何取值？

当人防工程顶板受向下的动荷载作用时，整个工程产生向下运动，如果底板是无桩基筏板基础，就会相应产生底板与地基之间的相互作用动压力，底板荷载就是地基的反力。当底板下土质坚硬时，地基阻止工程向下运动的能力强，这时底板所受等效静荷载大，反之底板下土质松软，底板所受等效静荷载就小。如果采用桩基础，顶板荷载通过竖向构件（墙、柱）将荷载直接传至桩基础，从而大大减少了底板所受荷载的量值，如果是端承桩，顶板荷载通过竖向构件（墙、柱）全部传至桩基础上，这时底板不受顶板传下来的等效静荷载；如果是非端承桩，就导致顶板传来的荷载分配到桩上和底板上，这与民用建筑设计中桩筏基础荷载分配问题相似。如果工程底板是在饱和土中，也就是底板泡在水中，水中会产生压缩波，这种压缩波会绕过板底向上作用于底板，产生底板等效静荷载，所以说有桩基的底板荷载就区分了非饱和土和饱和土两种情况，也就是说底板在饱和土中，即使是端承桩底板，也会受等效静荷载。

有、无桩基的底板等效静荷载取值表述如下：

（1）无桩基底板（包括梁板基础和平板基础）底板等效静荷载可按照《人民防空地下室设计规范》GB 50038—2005 表 4.8.5 取值，需要区分地下水位以上和以下两种情况。对于跨度小于 3m 的通道部位底板，等效静荷载按照《人民防空地下室设计规范》GB 50038—2005 第 4.8.6 条取值，需要区分地下水位以上和以下两种情况。

（2）有桩基的钢筋混凝土底板等效静荷载可按照《人民防空地下室设计规范》GB 50038—2005 表 4.8.15 取值，区分饱和土和非饱和土。

（3）为抵抗水浮力设置的抗拔桩不属于基础受力构件，其底板等效静荷载标准值应按无桩基底板取值。

45. 核武器作用下，防空地下室不同基础形式的底板等效静荷载如何取值？

[问题补充] 核武器作用下，防空地下室不同基础形式的底板效静荷载取值的主要区别点在哪里？例如带桩基底板、普通筏板、独基抗水板？

因为两种等效静荷载的作用机理和破坏形式不同，要区别几种不同情况：

（1）带桩基防空地下室结构设计中，桩本身强度计算应计入上部竖向导荷，也就是说，桩会承担爆炸动荷载产生的竖向力。

（2）带桩基防空地下室结构设计时的战时工况，在非饱和土中，基础为端承式桩基时底板不考虑战时荷载，基础为摩擦型桩基时底板承担一部分地基反力，取值按《人民防空地下室设计规范》GB 50038—2005 表 4.8.15；在饱和土中，底板下的分担地基反力可以认为没有或者少量存在，而土中压缩波侧面绕射效应客观存在，在端承型桩基和摩擦型桩基两种基础情况下，底板战时底板等效静荷载取值完全相同，且战时工况组合中应计入水压力。

（3）基础为条形基础和独立柱基加防水板时，既然定义为防水板，所以首先考虑是饱和土，平时工况下基础承担全部地基反力，战时工况下基础也承担全部地基反力，但是考虑土中压缩波侧向绕射，板底会产生向上的荷载值，故防水板战时等效静荷载与饱和土桩基取值具有类似性，取值按《人民防空地下室设计规范》GB 50038—2005 第 4.8.16 条。

（4）为抵抗水浮力设置的抗拔桩不属于基础受力构件，其底板等效静荷载标准值应按无桩基底板取值。

（5）无桩基防空地下室底板，底板是结构基础构件的一部分，承担地基反力，在战时工况下需考虑剪切破坏和柱下冲切破坏，且需要考虑上部建筑影响，等效静荷载取值按《人民防空地下室设计规范》GB 50038—2005 第 4.8.5 条。进行荷载组合要注意当底板位于地下水位以下时，对于整体抗浮情况，当建筑物自重抗浮可以满足时，底板战时工况下的计算可不计入水压力；当建筑自重不足以抗浮，需要采用抗拔桩、抗拔锚杆、泄压排水等抗浮措施时，底板战时工况下的计算需要计入水压力。

46. 基础采用"CFG 桩 + 筏板"，底板的荷载怎么取值？

[问题补充] 基础采用"CFG 桩 + 筏板"，底板的荷载怎么取值？是按照有桩基的取值，还是按筏板取值？

CFG 桩，名称虽然是桩，但其实是一种地基基础处理方法。

现行的行业标准《建筑地基处理技术规范》JGJ 79—2012 中明确指出，CFG 桩是水泥粉煤灰碎石桩的简称（即 Cement Flying-ash Gravel pile）。它是由水泥、粉煤灰、碎石、石屑或砂加水拌和形成的高粘结强度桩，和桩间土、褥垫层一起形成复合地基，桩顶和基础之间设置褥垫层，保证 CFG 桩与桩间土共同受力，实质上，基础与桩不是直接接触的。这与我们通常的灌注桩等不同，灌注桩的钢筋直接锚固基础，与基础直接接触，这样实质才是桩基础。

CFG 桩本身不是一种可以完全独立承载的桩基基础形式，CFG 桩 + 筏板基础实际上是在复合地基上的筏板基础，所以人防工程基础底板的荷载不应按有桩基的工况取值，而是应该按正常的整体基础（筏板）取值。

47. 对多层地下室，当防空地下室未设在底层，基础底板如何设计？

对于甲类工程，如果甲类工程在上层，下层为非人防工程，其上层人防顶板受爆炸动荷载作用下，整个工程向下运动（或者是存在向下运动的趋势），从而产生底板与地基的作用力与反作用力，也就是说工程底板核武器爆炸动荷载的作用是由顶板核武器爆炸作用产生地基反力引起的，从而底板受向上作用的等效静荷载。在确定底板等效静荷载时，按各层防空地下室的最高抗力等级查《人民防空地下室设计规范》GB 50038—2005 第 4.8.5 条确定。人防基础底板除满足平时条件下设计要求，还要进行人防荷载组合下柱、墙对基础底板冲切、局压、底板受弯等计算。

对于乙类工程，按《人民防空地下室设计规范》GB 50038—2005 第 4.7.4 条规定，底板可不考虑常规武器地面爆炸的作用。

第 4 节　墙体等效静荷载

48. 当防空地下室外墙外侧有多层土，外墙等效静荷载如何取值？

[问题补充] 当防空地下室外墙外侧有多层土，每层土的厚度均不相同时，如何根据《人民防空地下室设计规范》GB 50038—2005 第 4.8.3 条确定外墙等效静荷载值？

可根据《人民防空地下室设计规范》GB 50038—2005 第 4.8.3 条所列的等效静荷载取值和不同土层的厚度进行加权，以考虑防空地下室外墙外侧有多层土的影响；也可以选取等效静荷载较大的代表性土层作为计算荷载。

49. 外墙外侧土按非饱和土还是饱和土考虑等效静荷载值如何取值？

[问题补充] 防空地下室外墙土中存在常年水位（地勘给出的抗浮水位值），当水位高出底板 1/3 时，或高出底板 1/2 时，如何根据《人民防空地下室设计规范》GB 50038—2005 表 4.8.3-1 和表 4.8.3-2 确定外墙外侧土为按非饱和土或饱和土考虑外墙等效静荷载值的取值？

当外墙部分位于地下水位以上，部分位于地下水位以下时，外墙等效静荷载取值可按照《人民防空地下室设计规范》GB 50038—2005 第 4.7.3 条和第 4.8.3 条区分饱和土和非饱和土分段取值计算，也可按加权平均取值计算。

另外注意在进行外墙计算时，战时工况下考虑的水位应与平时工况下土压力、水压力计算采用的水位一致。

50. 层高大于 5m 的人防外墙，等效静荷载如何取值？

[问题补充] 层高大于 5m 的人防外墙，等效静荷载是否还能按人防设计规范中的表格取值，如不能，应该如何取值？

由于外墙等效静荷载确定复杂，当采用三系数法确定时，与土的性质、外墙埋深、外墙的自振频率、外墙延性比（定值）等有关。所以为了说明表格的由来，条文说明作了解释，不等于就要按条文说明僵化理解取值。在满足正文条件的情况下取值即可，不需要完全满足条文说明内容。

当墙体计算高度大于 5.0m 时，可按 5.0m 查表取值，也可按相关公式计算确定。按规范查表取值与按相关公式计算结果相差不大，总体上偏于安全，理由如下：当墙体计算高度大于 5.0m 时，中点埋深较 5.0m 时更大，土中压缩波峰值压力更小；外墙截面刚度变化不大，动力系数变化不大；外墙允许延性比 $[\beta]$ 取 2.0，动力系数取值范围为 1.05~1.33，受自振频率影响有限，墙体计算高度对等效静荷载取值影响较小。

51. 防空地下室邻近河边时，外墙等效静荷载如何确定？

[问题补充] 防空地下室邻近河边时（图 3-3），外墙等效静荷载如何确定？

防空地下室邻近的河道一般都会有驳岸或自然坡岸，不是像图中一样距河道很近或者把防空地下室作为挡水墙。当防空地下室外墙距河道较近时，应依据地质勘察报告，根据外墙对应的土是否为饱和土，按《人民防空地下室设计规范》GB 50038—2005 第 4.7 节和第 4.8 节对应的外墙等效静荷载取值即可。

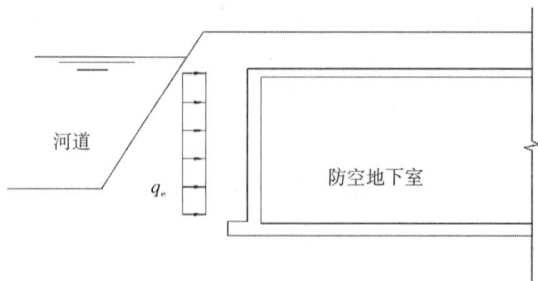

图 3-3　防空地下室的位置示意图

52. 顶板等效静荷载考虑上部建筑影响时，外墙应如何考虑？

[问题补充] 防空地下室，当顶板考虑上部建筑对冲击波超压作用的影响时，外墙是否也同时考虑？当顶板不考虑上部建筑对冲击波超压作用影响的条件时，外墙是否也不考虑？

《人民防空地下室设计规范》GB 50038—2005 第 4.4.4 条的要求和第 4.4.7 条的要求侧重点有所不同。第 4.4.4 条是针对核 5 级、核 6 级和核 6B 级防空地下室，考虑上部建筑物影响的前提为外墙是钢筋混凝土墙或"砌体承重墙"，而且对外墙开洞做出了 50% 的限制，甚至对于单层建筑提出顶板为钢筋混凝土结构的要求，这是为了保证冲击波在由外围有少量开洞的墙体和顶板形成的空间内能有效地扩散，更像是发挥扩散室的作用，使升压时间加长，降低超压计算值。可以看出本条更加突出"空间"的作用，降低开洞率或提高围护墙体的刚度，都会更有利于防空地下室上方的扩散空间的形成和维持。

第 4.4.7 条就未再对墙体开洞率作要求，而更加侧重于对地上建筑的外墙材料的要求。提出对核 4B 级及以下的防空地下室，当上部建筑的外墙为钢筋混凝土承重墙，或对上部建筑为抗震设防的砌体结构或框架结构（带填充墙）的核 6 级和核 6B 级防空地下室均可考虑上部建筑物影响，这主要是考虑外围护墙对冲击波的阻挡作用，使冲击波产生反射效应，从而对土中外墙产生影响。本条更加突出的是"面"阻挡作用的影响。

以上分析可以看出，顶板和外墙是否能同时考虑上部建筑物影响分以下几种情况：

核武器下：

（1）对于上部底层建筑围护结构为钢筋混凝土墙体，如果能够满足第 4.4.4 条考虑上部建筑对地面空气冲击波超压作用的影响的要求，也就能够满足第 4.4.7 条考虑上部建筑对地面空气冲击波超压作用的影响的要求，也就是说顶板和外墙能同时考虑上部建筑物影响；但反之就不一定能同时考虑，须能够满足第 4.4.7 条要求，还必须满足开洞率和第 4.4.4 条的其他要求，外墙和顶板才能同时考虑上部建筑物影响。

（2）对于上部底层建筑围护结构为砌体承重墙（或能达到砌体承重墙抗水平力强度的砌体）或有抗震设防的砌体结构，对于核 6 级和核 6B 级，如果能够满足第 4.4.4 条也就一定能满足第 4.4.7 条，顶板和外墙能同时考虑上部建筑物影响；但反之仍不一定能同时考虑，须满足第 4.4.7 条要求，还必须满足开洞率和第 4.4.4 条的其他要求，外墙和顶板才能同时考虑上部建筑物影响。

（3）对于上部底层建筑围护结构为框架填充墙或其他结构形式的填充墙（达不到砌体承重墙抗水平力强度的砌体），对于核 6 级和核 6B 级，可以按照第 4.4.7 条要求外墙等效静荷载考虑上部建筑物影响，但不能满足第 4.4.4 条的要求，顶板不能考虑上部建筑物影响。

（4）对于核 5 级，上部底层建筑围护结构为砌体承重墙，虽能够满足第 4.4.4 条考虑上部建筑对地面空气冲击波超压作用的影响的要求，但却无法满足第 4.4.7 条的要求，因对于核 5 要求，底层围护墙为钢筋混凝土承重墙体，外墙才能考虑上部建筑物影响，所以只能顶板考虑上部建筑物影响，外墙不能考虑。

常规武器下：

按照《人民防空地下室设计规范》GB 50038—2005 第 4.3.4 条的要求，仅在结构顶板及室内出入口结构构件计算中，考虑上部建筑对常规武器地面爆炸空气冲击波超压作用的影响；上部建筑物对外墙的影响不考虑。

具体是否同时考虑上部建筑物对顶板和外墙的影响见表 3-4。

是否同时考虑下上部建筑物对顶板和外墙影响的情况   表 3-4

上部墙类型 考虑方式	核武器下		
	上部底层建筑围护结构为钢筋混凝土墙体	上部底层建筑结构为砌体承重墙（或能达到砌体承重墙抗水平力强度的砌体）或有抗震设防的砌体结构	上部底层建筑围护结构为框架填充墙或砌体结构形式的填充墙（达不到砌体承重墙抗水平力强度砌体）
顶板和墙体同时考虑上部建筑影响	核 5 级、核 6 级、核 6B 级满足第 4.4.4 条，外墙和顶板均可考虑	核 6 级、核 6B 级满足第 4.4.4 条，外墙和顶板均可以考虑	
顶板和墙体不一定同时考虑上部建筑影响	核 5 级、核 6 级、核 6B 级满足第 4.4.7 条，外墙可考虑，顶板还必须满足墙面开洞率和第 4.4.4 条的其他要求才可以考虑	核 6 级、核 6B 级满足第 4.4.7 条外墙可考虑，顶板还必须满足开洞率和第 4.4.4 条的其他要求才可以考虑	
顶板和墙体不同时考虑上部建筑影响		核 5 级满足第 4.4.4 条，顶板可考虑，外墙不能考虑	核 6 级、核 6B 级满足第 4.4.7 条，外墙可考虑，顶板不能考虑
顶板和墙体均不考虑上部建筑影响			核 5 级外墙、顶板均不考虑
	常规武器下		
上部建筑影响仅考虑对顶板考虑，不考虑对外墙影响	常 5 级、常 6 级满足第 4.3.4 条，顶板可考虑，外墙不能考虑		

53. 顶板埋深大于 3m 或位于负二层，外墙等效静荷载如何取值？

《人民防空地下室设计规范》GB 50038—2005 中在饱和土和非饱和土情况下的钢筋混凝土外墙等效静荷载的数值是按计算高度 ≤ 5.0m，埋深 ≤ 3.0m 计算确定的。当外墙埋深大于 3.0m 时，钢筋混凝土外墙等效静荷载取值方法之一是：对顶板埋置深度 >3.0m 或防空地下室位于地下二层及以下时，常规武器作用下土中外墙等效静荷载标准值可近似按顶板埋置深度等于 3.0m 根据《人民防空地下室设计规范》GB 50038—2005 表 4.7.3-1 和表 4.7.3-2 确定；核武器作用下由于外墙等效静荷载表格未对埋深做出限制，可按《人民防空地下室设计规范》GB 50038—2005 表 4.8.3-1 和表 4.8.3-2 取值，需要注意的是，在确定负二层室外出入口临空墙、门框墙等效静荷载时需对查表得到的取值乘以 0.9 的系数。方法之二是：按《人民防空地下室设计规范》GB 50038—2005 中有关章节分别计算常规武器和核武器爆炸等效静荷载标准值，并取其中的较大值作为设计采用值，且当按此计算的等效静荷载标准值若比方法之一的近似查表值小时，仍采用方法一中的等效静荷载标准值作为设计采用值。

54. 采用混凝土排桩兼做地下室外墙时，如何考虑人防等效荷载取值？

[**问题补充**] 采用混凝土排桩兼做地下室外墙时，如排桩不咬合，如何考虑人防等效荷载取值？内衬是否可以采用砌体结构？

排桩不咬合或相切均不宜作为防空地下室外墙，参见图 3-4 中的几种情况，因为从防护角度来看，作为防空地下室外墙要保证气密性和一定的结构层厚度。

图 3-4（a）、图 3-4（f）桩的形式，由于柱列间不咬合，存在冲击波通过桩间缝隙进入工程内部的可能。图 3-4（b）的方式为护坡桩相切，相切部位满足不了最小结构层厚度，也是受冲击波作用的薄弱环节，容易失效，所以也不宜采用；图 3-4（d）是钢结构护坡桩，纯钢结构一般是不作为地下室外墙，也满足不了人防规范给出的范围之列；图 3-4（e）钢筋混凝土板桩，形式上接近地下连续墙，而且厚度也比较大，防水密闭性能也很好，此类护坡桩可以考虑兼做地下室外墙。

对于咬合式排桩（图 3-5），由于桩相互之间构成一个连续体，而且咬合部位也具有足够的厚度，是能够满足人防工程的防护密闭要求的，如果是排桩兼做地下室外墙的情况，应优先选用。

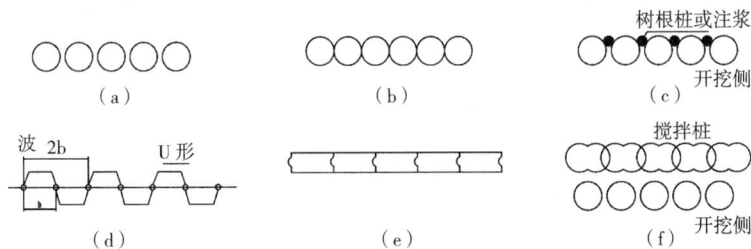

图 3-4　防空地下室外墙的排桩示意图

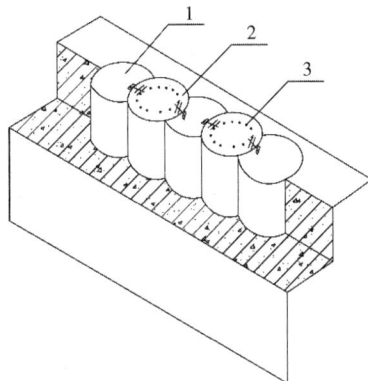

图 3-5　防空地下室外墙咬合排桩示意图
1- 素桩，被切割桩；2- 钢筋笼桩；3- 钢筋笼

实际工程中，排桩兼做地下室外墙的情况并不多，一般为多层地下室，从计算角度，人防等效静荷载往往不起控制作用。所以在这种情况下，可按《人民防空地下室设计规范》GB 50038—2005 查表取值，考虑到此墙刚度较大，可以适当取大值，并根据桩顶的支撑情况考虑按悬臂梁或单向板（单桩作梁）来进行计算，具体结构简图可以参照护坡桩设计所采用的结构简图。对于内衬，如果内衬与外侧桩体结构脱开，可以考虑用砌体作内衬，如果不脱开，不建议用砌体结构作内衬。

55. 防护门框墙门槛计算时，埋在土中墙体等效静荷载如何取值？

对于抗力级别 5 级以下的防空地下室，如果底板以上存在较厚的回填土，首先下挡墙两侧都有回填土且成压实状态，而且一般地面做法中都有 80~100mm 的混凝土地面层，相当于一个刚性地面层。如果室外遭受冲击波，下挡墙外侧地面受力，导致土对门框墙产生主动土压力，而另一侧（内侧）产生的被动土压力可抵抗外侧的主动压力，加上刚性地面的存在，则只需计入地面以上至门洞下挡墙顶面部分的冲击波和人防门的集中力影响即可。

如果门槛外侧填土做刚性地面，当内侧无填土设架空地板时，门槛在土中的等效静荷载按没有填土时的空气冲击波等效静荷载计算较为安全。

56. 设防等级为核 5 常 5、核 6 常 6 时，密闭门框墙等效静荷载怎么取值？

当设防等级为核 5 常 5、核 6 常 6 时，密闭门框墙上不用考虑人防荷载，从《人民防空地下室设计规范》GB 50038—2005 中对于防护密闭门的名词解释"既能阻挡冲击波又能阻挡毒剂通过的门"，和密闭门的名词解释"能阻挡毒剂通过的门"中可以看出密闭门仅能阻挡毒剂通过而不能挡冲击波，所以密闭门的门框墙上不用考虑人防荷载。

尽管密闭门框墙不考虑人防爆炸荷载的直接作用，但也应满足人防结构构件的构造配筋要求。

第 5 节　出入口结构构件等效静荷载

57. 坡道式主要出入口，无顶盖段坡道板是否考虑爆炸动荷载作用？

[问题补充]《人民防空地下室设计规范》GB 50038—2005 第 4.5.10 条和第 4.7.11 条中若主要出入口为坡道，坡道后半段上方无顶盖且在防倒塌范围以外，无顶盖部分的坡道板是否考虑核爆炸和常规武器动荷载的作用？若考虑，如何考虑？

《人民防空地下室设计规范》GB 50038—2005 第 4.5.10 条第 2 款和第 4.7.11 条第 2 款分别明确土中无顶盖敞开段通道结构，可不验算（考虑）动荷载作用。应该强调的是，这里所说的通道是土中通道，也就是通道的两侧墙体外及底板下均为土体，这样才可以不考虑，如果通道另一侧是人防工程内部，或者是普通地下室内部，如果作为主要出入口，还是应考虑结构等效静荷载作用。

结论：土中通道无顶盖敞开段通道结构，可不验算常规武器和核武器的武器爆炸动荷载作用。

58. 人防车辆出入口是否可以借用普通地下室车道 ？

[问题补充] 由于平时使用功能的限制，在人防区内无法设置车辆掩蔽部的车辆出入口，车辆出入口只能借用通向普通地下室的车道，平时部分的车道应该如何考虑人防荷载？如果平时承载力不够，能否采取战时加柱的方式？

这种情况是非常不经济的一种方式，尽量避免使用。

为保证战后主要出入口能够正常使用，在设计车辆行经区域的梁、板、柱、基础都要考虑人防等效静荷载，另外还应采取措施避免所经普通地下室区域倒塌对出入口通道的影响（如两侧增加钢筋混凝土墙体或顶板向通道两侧延伸扩大防护区域等）。

对于指挥工程配套车辆掩蔽部或者专业队工程主要出入口，由于这类工程较为重要，建议修改设计采用室外出入口，或与主管部门协商调整战时功能。

对于战时加钢柱的做法，现行《人民防空地下室设计规范》GB 50038—2005 已不支持此做法。

第 4 章
主体结构设计方法

第1节　基础设计

59. 防空地下室基础设计方法与民用建筑有什么不同？

防空地下室基础构件设计原理和民用设计基本是一致的，注意的主要是材料强度的提高要求，具体见《人民防空地下室设计规范》GB 50038—2005 第 4.2.3 条、第 4.10.5 条、第 4.10.6 条。

地基承载力和地基变形的要求是与民用有所区别的。根据《人民防空地下室设计规范》GB 50038—2005 第 4.1.6 条要求"防空地下室结构在常规武器爆炸动荷载或核武器爆炸动荷载作用下，应验算结构承载力；对结构变形、裂缝开展以及地基承载力与地基变形可不进行验算"，以及《人民防空地下室设计规范》GB 50038—2005 第 4.9 节和第 4.10.2 条中可知，人防组合工况下，地基承载力和地基变形是不用验算的，确定基础尺寸和验算地基沉降变形均按民用组合工况进行。

举例说明如下：

【例1】对于独立基础可按照民用标准组合确定基础面积，按照准永久组合计算地基沉降，而基础配筋和冲切抗剪厚度需要按照人防工况组合和民用工况组合计算比较后将配筋及厚度取大值。

【例2】对于桩基，桩数可以先按照民用标准组合初步确定，然后按照人防组合去验算桩身的强度及配筋，如果不满足要考虑增加桩数或桩径；桩基沉降可以按照准永久组合计算。桩确定后，还要对承台进行冲切、抗剪、配筋验算，使承台在人防荷载组合和民用荷载组合下均能满足承载力要求，应该说明，目前整体软件中，已具备进行人防组合下设计验算的能力。

60. 独基与防水底板交接处是否必须按 45°放坡处理，可否直角连接？

[问题补充] 防空地下室基础采用独基加防水底板，防水底板顶与独基顶面平，那么独基与防水底板交接处是否必须按 45°放坡处理，可否直角连接？

　　独立基础与防水底板的板底交接处是否需要加腋（也就是放坡 45°），考虑两方面因素：

　　一是需要根据底板结构计算的实际情况考虑；如果防水底板在水压力和人防等效静荷载作用下，按倒楼盖计算，在基础和底板交接处（也就是支座处）弯矩较大或抗冲切验算需要的板厚较大，可以通过在底板下方放坡（加腋）来达到局部增加板厚和避免截面突变的不利影响。

　　二是根据土质和独基局部增加深度而定，当土质软、粘聚力小、局部增加深度大的不宜直角放坡时，一般采用 45°~60° 斜坡处理。

　　对独基受力和挖槽均不需要的情形可以采用直角做法。

61. 甲类防空地下室防水底板的计算方法？

　　防空地下室防水底板的计算原理和普通地下室是一样的，不同之处在于水压的荷载组合值和材料强度取值。普通地下室考虑人防荷载后，水压组合要计入底板人防等效静荷载，也就是"1.3 水压 +1.0 人防等效静荷载"；另外材料强度要乘以动力材料提高系数。具体可以参照《人民防空地下室设计规范》GB 50038—2005 第 4.2.3 条和第 4.10.2 条及其条文说明理解。

　　在设计中应采用设置褥垫层等结构构造措施，确保防水板不承担地基反力，使防水板的受力状况与设计的假定相符。

62. 乙类防空地下室基础，荷载组合是否考虑柱子传来的人防荷载？

　　根据《人民防空地下室设计规范》GB 50038—2005 第 4.9.2 条及条文说明，常规武器地面爆炸产生的空气冲击波为非平面一维波，且随着距爆心距离的加大，峰值压力迅速减小，对地面建筑物仅产生局部作用。所以常规武器作用范围很有限，对基础的影响很小，基础设计时，荷载组合可不考虑柱子传下来的人防荷载。

63. 带锚杆的防空地下室防水底板战时工况下如何计算？

　　防水底板设置锚杆后，一般可仅考虑锚杆对于底板的拉力作用。在进行底板计算中，锚杆要考虑两种情况：

　　第一种对于非预应力锚杆。由于此类锚杆对底板产生拉力作用，是需要底板在水浮力下产生向上的运动趋势，防水底板产生一定向上的变形。所以对于此类情况建议不考虑锚杆对底板的有利作用，按照独基或承台为底板支点，采用倒楼盖分析方法进行设计。

　　第二种对于预应力锚杆。由于此类锚杆施加预应力，使防水底板产生反向变形的趋势，水压作用首先要克服此锚杆预拉应力，才能使底板产生向上的整体挠曲，产生以独基或承台为支点的整体应力；如果水压作用不能克服预拉应力对底板形成反向变形趋势，则底板就只能形成以锚杆为支撑点的小局部变形。实际工程中，施加预应力产生的效果一般是不能完全使底板形成以锚杆为支点的小局部变形状态，只能减小以独基或承台为支点的底板局部变形。其配筋量也是介于无锚杆底板配筋量和完全以锚杆为支点的配筋量之间。计算底板配筋时，防水板向上的反力可按照水压力扣除锚杆施加的部分预应力后的值，再和人防荷载进行荷载组合来确定。具体还应结合当地设计经验和预应力锚杆厂家经验。

64. 基础为筏板加柱墩时，有地下水时如何进行荷载组合？

[问题补充] 基础形式为筏板 + 柱墩，当水浮力小于结构自重时，基础计算时的荷载组合是什么？当水浮力大于结构自重时，基础计算时的荷载组合是什么？

根据《人民防空地下室设计规范》GB 50038—2005 第 4.9.4 条，地基反力计不计入水浮力与荷载组合中考虑不考虑水压力是对应的。

当水浮力小于结构自重，也就是靠配重抗浮时，则地基反力按不计入浮力计算时，底板荷载组合中可不计入水压力。

当水浮力大于结构自重，就需要采用其他措施抗浮。不管是采用抗拔桩还是抗浮锚杆，由于额外抗浮构件的介入，水浮力有一部分由桩或锚杆承担，而水压力是全部作用在底板上的，即底板上的水压力大于所受到的水浮力，二者作用不可以互相抵消。因此不论地基反力计不计入浮力，此种情况的荷载组合中都需要考虑水压力。

65. 甲类防空地下室基础战时荷载组合是否应计入水压力？

甲类防空地下室基础的战时荷载组合应为核武器爆炸等效静荷载与静荷载同时作用，其中水压力的计入应符合下列规定：当地下水位以下无桩基防空地下室的基础采用箱基或筏基，且建筑物自重大于水的浮力，则地基反力按不计入浮力计算时（建筑物自重不减去浮力），底板荷载组合中可不计入水压力；若地基反力按计入浮力计算时（建筑物自重减去浮力），底板荷载组合中应计入水压力。即基础战时荷载组合中的静荷载不能把建筑物自重引起的地基反力和水浮力引起的水压力重复叠加计算。

对于地下水位以下带桩基的防空地下室，不论在计算建筑物自重时是否计入了水浮力，底板荷载组合中均应计入水压力。

依据：《人民防空地下室设计规范》GB 50038—2005 第 4.9.4 条及第 4.9.4 条的条文说明。

66. 水浮力与底板等效静荷载组合时，水位考虑常水位还是抗浮水位？

根据《建筑结构荷载规范》GB 50009—2012 第 3.1.1 条的条文说明，对水压计入组合的要求如下："对水位不变的水压力可按永久荷载考虑，而水位变化的水压力应按可变荷载考虑。"结合实际工程，如果采用历史最高水位计算可按恒荷载考虑，分项系数按永久荷载分项系数取值；如果采用稳定水位计算应按活荷载考虑，分项系数按可变荷载分项系数取值。

从人防角度出发，等效静荷载不与活载组合，按活载考虑的水压在进行人防荷载组合时就会产生矛盾；另外从使用角度出发，应按照在寿命周期内的最不利情况进行考虑，以最高水位来考虑会更合适。考虑到对于抗浮水位一般是结合最高水位及地下水变化趋势综合确定的水位，与最高水位接近或一致，设计也可按照抗浮水位考虑，与底板等效静荷载进行组合。

67. 防空地下室防水底板在无地下水情况下如何进行结构计算？

对乙类防空地下室底板，按照《人民防空地下室设计规范》GB 50038—2005 第 4.7.4 条，无论有无地下水底板均可不考虑常规武器地面爆炸作用；甲类防空地下室底板，当位于地下水位以上且采取有效措施避免防水底板承担地基反力时，地下室底板可不考虑等效静荷载作用。底板设计可以按照平时使用条件下进行计算。

68. 甲类防空地下室土岩组合地基，条基、独基可不设防水底板吗？

[问题补充] 建在城市山区的甲类防空地下室，其《岩土工程勘察报告》提示地基持力层为土岩组合地基，局部为填土地基，但未提供地下室水浮力设防水位高度，当采用条基、独立柱基或墩基时，是否可以不设防水底板？假如设置了防水底板，水压力如何确定？

这一类型的甲类防空地下室是否应设置防水底板一直存在争议。从工程整体密闭性出发,设计整体浇注的防水板较好,一部分观点认为可以不做防水底板,其理由：

（1）该建筑场地天然地基具有较高的承载力，条基、独立柱基或墩基能够独立承受上部建筑物自重及战时核武器爆炸等效静荷载；

（2）《岩土工程勘察报告》既然没有提供地下室水浮力设防水位高度，地下室不必采用钢筋混凝土防水底板，只需采用二次浇筑的素混凝土底板和设置排水设施。

对此问题建议如下：

（1）这一类型的建筑工程往往建在山间坡地和山麓洼地，是雨水和地表水容易汇集的地形，且地下室四周的基坑回填层实际为透水层；

（2）虽然在设计中将地下室外墙条形基础嵌入岩基内，试图阻断地下水从室外渗入，但是实际上工程施工质量都没有达到预期的效果；

（3）实践证明，没有做防水底板的防空地下室，在使用一段时间后，都会出现不同程度的渗漏水，既影响了平时的正常使用，也不符合战时的防护密闭要求；

（4）整体现浇钢筋混凝土防水底板前期投资成本确实高于二次浇筑的素混凝

土底板，但是它的结构防水性能可靠，能减少后期的维护成本，并能提高工程的品质；

（5）如果在山地建设防空地下室，难免会有一侧出现高出地面的情形，或者部分山体空腔，使人防工程气密性受到影响。

根据上述分析，建在山间坡地和山麓洼地的防空地下室采用全封闭的防水设计，设置防水底板更为合理。

当确定采用防水底板后，防水底板的水压力设计值应依据《岩土工程勘察报告》提供的水浮力设防水位高度而定。如果《岩土工程勘察报告》未提供该地下工程的水浮力设防水位高度，建议设计者还是要根据本项目建设场地内水文地质环境的实际情况，合理考虑水浮力对基础的影响。同时，底板荷载效应组合中水压力的计入应符合《人民防空地下室设计规范》GB 50038—2005 第 4.9.4 条的规定。

依据：《建筑地基基础设计规范》GB 50007—2011 第 3 章、第 6 章；《地下工程防水技术规范》GB 50108—2008 第 3.1.3 条、第 3.1.4 条（强条）。

69. 无地下水的防空地下室，采用桩基础，可不设置结构底板吗？

[问题补充] 无地下水的防空地下室，若采用桩基础，底板按照人防规范可以不考虑人防作用，平时也不需要设置结构底板，在这种情况下，防空地下室能否不设置结构底板？

根据《人民防空地下室设计规范》GB 50038—2005 第 4.8.15 条，无地下水的底板等效静荷载按非饱和土取值，采用非端承桩时底板上有人防荷载，应设置结构底板，采用端承桩时底板上无人防荷载，从武器爆炸影响方面考虑，可不设置结构底板，但从防护（防生化武器、工程密闭性）的角度考虑，宜设置满足规范第 4.11 节要求的构造底板。

70. 甲类防空地下室，有桩基底板或独基防水底板时，如何考虑荷载？

[问题补充] 甲类防空地下室当采用有桩基钢筋混凝土底板和独立柱基加防水底板时，战时荷载组合引起的地基反力是否直接由桩基或独立柱基承担？防水底板的计算荷载是否仅有水压力？

问题涉及方面较多，对于桩基，按照桩受力特点和地基土的饱和状态，大致分四种情况：非饱和土中端承桩、非饱和土中摩擦桩、饱和土中端承桩、饱和土中摩擦桩。

对于桩基（图 4-1），假设工程地质为非饱和土的情况下，在顶板动荷载作用下，顶板动荷载通过顶板、顶板梁向下传给柱、墙，柱、墙直接传至桩基，如果桩基是端承桩，动荷载会直接传至基岩，整个工程不会产生向下运动，也就不会产生底板与地基之间的作用力，底板就不受爆炸等效静荷载。

如果不是端承桩，而是摩擦桩，就会引起整个工程部分向下运动，和民用荷载情况的桩筏基础受力分配一样，这时只考虑了一部分底板等效静荷载，认为一部分由摩擦桩承担。这是在非饱和土中的考虑。

在饱和土中，土中压缩波的更多的是反映水中压缩波的特点，已知水中的压力是各向同性的，可将压缩波在土中传播按较大的侧压系数取值，侧压系数取 0.7，底板向上受力侧压系数也取 0.7，这样到达底板的动荷载值就可按冲击波地面超压值乘上侧压系数平方得出，变成了近似 0.5 倍。

两点说明：

（1）抗拔桩不属于基础受力构件，其底板等效静荷载标准值应按无桩基底板取值；

（2）等效静荷载作用下，应验算桩身强度是否满足要求。

当甲类防空地下室基础采用条形基础或独立柱基加防水底板时，其底板等效荷载取值与饱和土中有桩基的情况类似，可以参考以上内容理解。

可以对照《人民防空地下室设计规范》GB 50038—2005 第 4.8.15 条、第 4.8.16 条及条文说明去理解其荷载取值。

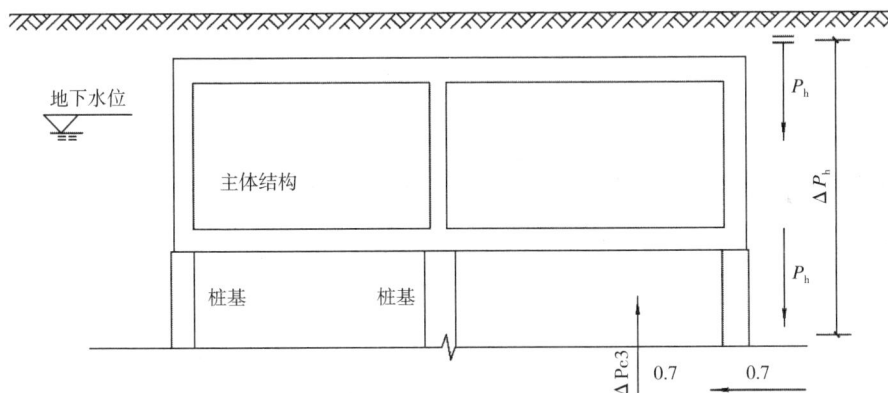

图 4-1　防空地下室有桩基时等效静荷载示意

71. 桩基础除了验算承载力外是否还需要验算桩身强度？

[问题补充] 根据《人民防空地下室设计规范》GB 50038—2005 第 4.8.15 条，桩基础人民防空地下室除了验算承载力外是否还需要验算桩身强度？

在平时工况下，结构桩基要验算桩基承载力和桩身强度。

在战时工况下，人防工程顶板荷载通过墙、柱等竖向构件直接传至桩身，桩身强度（局部压弯强度）进行验算。在战时荷载组合下，桩身强度验算可考虑材料动力强度的提高。

由于桩承载力（桩与地基之间的摩擦力和端阻力）在动荷载作用下也会有提高，所以不需要在计算战时工况下桩的承载力。

72. 人防工况下的掘开式工程桩基承载力设计问题?

[问题补充] 在淤泥、流土等地质条件较差地段,地下水位又很高时,常常用到桩基,既解决了竖向承载力的问题,也提供了抗拔桩的作用;但是,人防工况下的桩基设计规范并未明确,仅有一句话:桩本身应按计入上部墙、柱传来的核武器爆炸动荷载组合验算承载力。这句话该如何理解? 针对预制桩、灌注桩、钢管组合桩等不同桩型计算是否不同? 还有材料提高系数,如管桩本身已经是 C80 了,还要如何提高,规范也没有明确。

桩基础由桩本身(预制桩、灌注桩、钢管组合桩等)和周围的地基共同组成。当人防工程采用桩基础时,人防工程顶板受到的动荷载通过墙、柱等竖向构件直接传至桩身(预制桩、灌注桩、钢管组合桩等),再由桩身传给地基。由于地基的承载力(桩与地基之间的摩阻力和端阻力)提高更大,故桩基础竖向承载力不需验算。桩身(预制桩、灌注桩、钢管组合桩等)材料的动力强度提高系数不大,桩身的动力强度需进行验算。对于 C80 管桩,查规范材料强度综合调整系数为 1.4。应该说明,规范对于抗拔桩并没有明确要求必须对桩身动力强度进行验算,只强调受压工程桩按单桩承载力特征值设计时,桩身的动力强度需进行验算。

第 2 节　结构柱设计

73. 三层防空地下室,最下层中间柱等效静荷载如何组合?

[问题补充] 大于三层防空地下室(各层不同防护单元),最下层的柱子(不在外墙边或临空墙边),等效静荷载如何组合?

人防工程划分防护单元的目的是防止因常规武器的直接命中,导致人防工程整体失去防护能力,减小破坏范围,提高生存概率。编制规范时,对此设定了三个前提:

(1)使用的炸弹为普通爆破弹,不考虑穿甲弹,破坏形式为顶板破坏,不考虑内爆炸;

(2)炸弹来自上方,即因顶板破坏导致防护单元失效,不考虑因外墙破坏导致防护单元失效;

(3)当抗力级别不同时,高抗力级别在下,低抗力级别在上。

对于多层人防工程,考虑从最上方人防工程开始逐层破坏,即第一层遭到破坏,第二层及以下各层可以不破坏;若最底层遭到破坏,认为以上各层均已破坏。因此在计算最下层柱内力时,应考虑抗力级别最高的爆炸荷载作用。

所以,最下面的柱子战时武器作用的计算只要考虑其中某一层的最大值即可。也就是对于甲类工程,应比较顶板的核武器爆炸等效静荷载、常规武器爆炸的等效静荷载、各层中楼板的核武器作用的等效静荷载,并取其中的最大值(传至柱上),再按《人民防空地下室设计规范》GB 50038—2005 第 4.9.3 条进行荷载组合。对于乙类工程，不计入多层防空地下室之间楼板的常规武器爆炸动荷载，应按顶板的常规武器的等效静荷载（传至柱上），再按《人民防空地下室设计规范》GB 50038—2005第 4.9.2 条进行荷载组合。

74. 梁、柱的延性比不同，梁的人防荷载传给柱是否要乘调整系数？

不需要，但是柱正截面承载力验算和斜截面验算时其动力强度设计值要满足《人民防空地下室设计规范》GB 50038—2005 的第 4.10.5 条与第 4.10.6 条的要求。

75. 人防区域柱截面及配筋是按照软件整体计算或是单独计算？

[问题补充] 人防区域独立框架柱截面及配筋是按照软件整体计算结果还是按照理正等人防专业软件单独计算？

独立框架柱是要考虑与相邻构件的相互影响以及在整体结构中的作用，按照单构件计算不能体现这种整体性和构件的关联性，所以建议按软件整体计算，更能反映实际工程简化模型。

76. 计算人防柱时轴压比控制范围是多少？需考虑柱的不平衡弯矩？

[问题补充] 计算人防柱时是考虑其受压承载力，还是等同轴压比的计算方式进行计算？轴压比控制范围是多少（比值不超过 1.0）？是否考虑上部人防荷载下引起的柱的不平衡弯矩？根据《防空地下室结构设计手册》RFJ 04—2015 仅给出了受压构件正截面的受压承载力计算；若考虑在不改变柱混凝土等级的情况下柱的配筋很大；解决方案：①加大截面可能影响车位；②加大混凝土等级，施工则很困难。

人防工程结构构件承载力，应分别按平时使用状况和战时使用状况进行计算，并应取其中的控制条件作为设计依据。人防柱在按战时使用状态计算时不需要考虑轴压比，在按平时使用状况计算时才需要考虑轴压比。轴压比与结构体系、抗震等级、混凝土强度等级、剪跨比、箍筋等因素有关，轴压比不应大于 1.05。

在人防工况下，因为不考虑战争和地震同时发生的情形，也就不考虑与地震作用一起组合；另外人防等效静荷载对内部柱而言，作用方向是向下的而不同于地震是以水平作用为主，所以人防荷载组合下不需按照抗震规范去做轴压比验算，只需满足结构构件承载力即可。但在战时组合荷载作用下，因认为人防荷载同时作用于各结构构件，需考虑板跨差异产生柱的不平衡弯矩。

77. 若防护墙体按双向板计算，墙体两端的框架柱需不需要验算配筋？

[问题补充] 若外墙或防护单元隔墙、临空墙按双向板计算，墙体两端的框架柱

需不需要验算配筋？

如果外墙、防护单元隔墙和临空墙是由两侧柱作为支撑，不建议按双向板计算，理由如下：

（1）在人防工程中，一般墙体厚度较厚，而柱尺寸一般多为 600mm×600mm，这时柱不足以对以上墙体嵌固，而是随墙弯曲变形，所以将以上墙体作为单向板设计更为接近工程实际。

（2）如果以上墙体按双向板计算，荷载会传给墙体两端的框架柱，这种情况墙两端的框架柱需按在水平荷载作用下的压弯构件计算配筋。但由于柱尺寸偏小，一般不能满足受弯要求，往往需要加大柱垂直墙面方向上的尺寸。

第 3 节　墙体设计

78. 平时荷载下外墙计算钢筋面积较大时，可直接按平时计算配筋吗？

[问题补充] 如果人防工程的外墙在战时荷载作用下，设计计算所需配置的钢筋截面面积比平时荷载作用下的小，是否可以直接采用平时荷载作用下的钢筋面积？

《人民防空地下室设计规范》GB 50038—2005 第 4.1.8 条明确规定："防空地下室结构除按本规范设计外，尚应根据其上部建筑在平时使用条件下对防空地下室结构的要求进行设计，并应取其中控制条件作为防空地下室结构设计的依据。"所以，如果外墙的配筋由平时荷载作用条件控制，应按平时荷载作用的计算结果配筋。

79. 人防墙上是否必须设置暗梁？

[问题补充] 有优化公司或者甲方经常提出取消人防墙上设置的暗梁，而本地人防院图纸普遍都带墙顶暗梁详图（图 4-2），是否有规范或者文件提到人防混凝土墙上暗梁？以及暗梁是否可以取消？

对于这个问题首先得了解混凝土墙上暗梁的特点及作用：

（1）暗梁的位置是完全隐藏在板类构件或者混凝土墙类构件中，这是它被称为暗梁的原因。

（2）暗梁的钢筋设置方式与单梁和框架梁类构件非常近似。

（3）暗梁总是配合板或者墙类构件共同工作。

（4）板中的暗梁可以提高板的抗弯能力，因而仍然具备梁的通用受力特征。

（5）混凝土墙中的暗梁作用比较复杂，已不属于简单的受弯构件，它一方面强化墙体与顶板的节点构造，另一方面为横向受力的墙体提供边缘约束。强化墙体与顶板的刚性连接。

（6）事实上暗梁根本不属于受弯构件，虽然其配筋都是由纵向钢筋和箍筋构成，绑扎方式与梁基本相同，但是暗梁与剪力墙身的混凝土和钢筋完整地结合在一起，

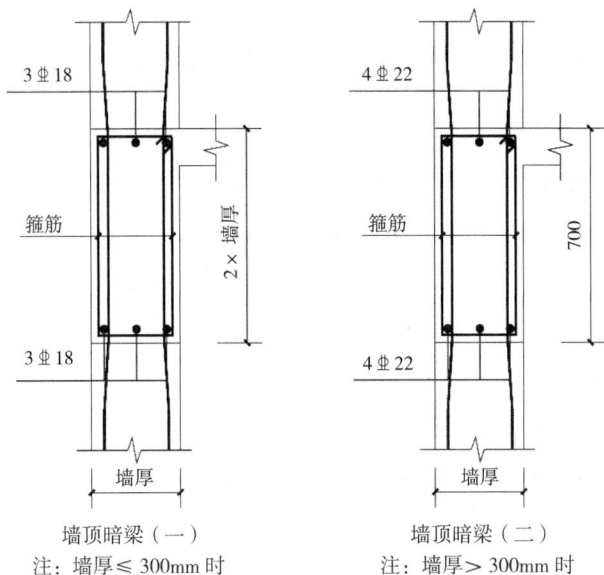

图 4-2　防空地下室墙顶暗梁示意

因此暗梁实质上是剪力墙在楼层位置的水平加强带。

其次，现行有关规范中对墙体暗梁的设置要求如下：

《建筑抗震设计规范》（2016 年版）GB 50011—2010 第 6.5.1 条第 2 款规定"有端柱时，墙体在楼盖处宜设置暗梁，暗梁的截面高度不宜小于墙厚和 400mm 的较大值"；

《高层建筑混凝土结构计算规程》JGJ 3—2010 第 8.1.9 条规定"板柱 - 剪力墙结构的布置，宜在对应剪力墙或筒体的各楼层处设置暗梁"。

另外，暗梁一般还设置在开有孔洞的墙体上，且孔洞要达到一定尺寸，详细做法可参见《混凝土结构施工图及平面整体表示方法制图规则和构造详图》16G101 图集。而且现行人防规范及《防空地下室结构设计（2007 年合订本）》FG01~05 图集均未有墙体暗梁设置的要求，故人防墙不是必须不设置暗梁。

人防地下室作为上部建筑的基础，是整幢房屋结构的一部分。如果按抗震要求对地面的剪力墙等设置了暗梁，作为基础的防空地下室也应在相应部位设置暗梁；如果地面建筑没有此要求，可以在防空地下室墙体的上、下端设置直径较大的通长钢筋。

80. 人防墙体在竖向荷载作用下可否按照深梁计算？

人防墙体一般是指人防工程外墙、临空墙、防护单元隔墙等有防护抗力要求又有密闭要求的墙体，以及只有防毒密闭要求的内部墙体。对单层防空地下室的墙体进行受力计算，只按水平荷载作用下的受弯构件进行计算就可以了，可不必进行竖向荷载作用下的受压计算。对多层防空地下室中墙体，有部分墙体未落至基础，当把人防墙体作为支撑在两端柱子的转换梁进行计算时，可以将墙体作为深梁进行设计，如果该墙还需承担水平向冲击波作用，还应同时要考虑水平等效静荷载作用，这样墙体不但要满足深梁的构造要求，还要满足人防墙体的构造要求。

81. 人防楼梯间外墙应按多层或是单层计算？

[问题补充] 人防楼梯处外墙应按多层或是单层计算？如果按多层，能否以平台板或梯段板作为支座？

对于楼梯口处的墙体，主要是指主要出入口多跑式楼梯间的外墙，由于楼梯平台板或梯段板与墙整体浇注，造成该处墙体受力条件复杂。

如果以梯段板和休息平台板作为外墙的支座，首先需要复核梯段板和休息平台沿垂直于外墙方向的承载能力；另外还要考虑水平力通过外墙 – 楼梯 / 休息平台板 – 楼梯另一侧的墙体，这个传力路径，另一侧的墙体是否可以承受，这两个都是较复杂的问题，因此不建议将梯段或休息平台板作为外墙的支座，按人防外墙荷载设计既能保证安全。

82. 人防墙体顶部支座条件如何判断？

这属于结构分析问题，当结构受力实际构件简化为计算模型时，支座条件取决于节点处构件刚度的对比关系。考虑人防工程结构宜按弹塑性工作阶段设计的特点，当按固定端计算时，宜对墙端部负弯矩适当调幅，相应增大跨中正弯矩后进行截面设计，且顶板配筋需考虑墙体传给顶板的弯矩，使得刚域弯矩平衡。

（1）当墙厚度大于顶板厚，可以按简支支座，当墙厚度等于顶板厚也可取简支和固定支座平均值；当墙体厚度小于顶板厚度时，可按固定支座。

（2）对于连续顶板处的人防临空墙，支座判定方法同（1）条，图集构造做法见《防空地下室设计荷载及结构构造》07FG01 图集第 61 页图 2-2 和图 2a-2a（图 4-3）。

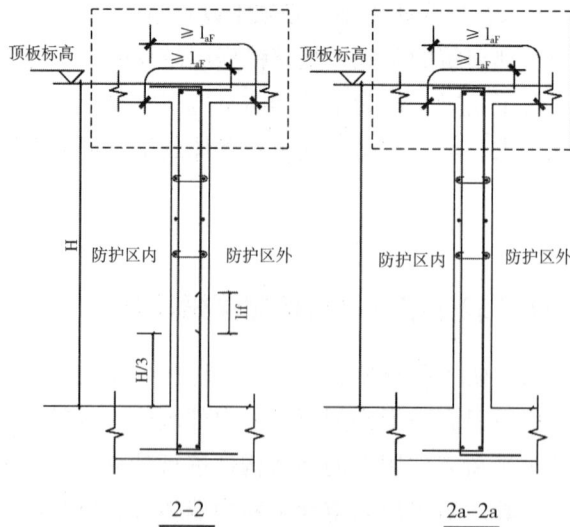

图 4-3　人防墙体配筋构造示意

（3）对于顶板厚度小于外墙厚度的情况，也可以通过增加冠梁或加厚边跨顶板厚度的方法，增加支座刚度并采用固定支座计算，但在工程实践中，很少这样做，而是简单按第 1 种情况处理。

83. 主要出入口与非防空地下室之间墙体的设计要求？

[问题补充] 主要出入口人防楼梯间、坡道间与非防空地下室之间墙体的设计要求，是否应按临空墙设计，配筋如何考虑更合理？

《人民防空地下室设计规范》GB 50038—2005 对临空墙的定义为：一侧直接受空气冲击波作用，另一侧为防空地下室内部的墙体。

《人民防空工程施工及验收规范》GB 50134—2004 等其他人防工程相关规范对临空的定义为：一侧直接受空气冲击波作用，另一侧不接触岩、土的墙体。

如果楼梯、坡道作为主要出入口，在该墙体设计时，应按照钢筋混凝土临空墙设计，主要出于以下几个原因：

（1）主要出入口是作为防空地下室防护体系构成的一个主要部分，首先按《人民防空地下室设计规范》GB 50038—2005 第 4.1.4 条要求，抗力要求要与所在单元抗力相协调。当墙体与非防护区相邻并作为楼梯、坡道的支撑构件时，是不能先于楼梯、坡道破坏的。

（2）主要口楼梯、主要出入口坡道仍属于人防防护范围，与室外连通只是没有密闭性的要求，但作为人防防护构件仍应该遵循防空地下室设计的一些基本原则。当楼梯、坡道和非防护区相邻，炸弹命中非防护区的概率是很高的，如何保证在非防护区破坏时不会影响出入口或降低对出入口影响，减少破坏，在楼梯坡道周圈设置钢筋混凝土墙体，是一种很好的解决方案。

（3）主要出入口楼梯间、坡道间四周的墙体与出地面防倒塌棚架的采用单层轻型建筑围护墙体不同，位于地下的块体材料并不像出地面的轻型围护墙体容易被冲击波吹走，更容易会造成口部堵塞。采用钢筋混凝土墙体能更好地避免堵塞情况的发生。

在具体选取主要出入口楼梯、坡道与非防护区相邻墙体的荷载时，可以有所不同。主要出入口通道内侧应按临空墙等效静荷载计算，在非防护区一侧，可以依据在非防护区的位置选用临空墙荷载或非防护区与防护单元之间隔墙等效静荷载。

84. 平面呈 L 形和 T 形门框墙，支座配筋构造与受力方向是否相关？

[问题补充] 平面呈 L 形和 T 形的门框侧墙，如图 4-4 所示，在核爆从正面或反面作用的两种不同情况下，其支座的配筋及构造是否完全相同？

门框侧墙属于悬臂构件，悬臂构件属于平衡结构，其结构是否成立主要和承载能力及搭接锚固长度等有关。墙体是 L 形、T 形还是其他什么形式可能有影响，但不应该是决定因素。

假定平面呈 L 形和 T 形的门框侧墙翼墙（L 和 T 的"竖"）在门内侧为正向，翼墙在门外侧为反向。当核武器爆炸等效静荷载从正面作用时，门框侧墙背后有墙或柱支承，翼墙发挥支撑门框墙的作用；从反向作用时，门框侧墙背后没有墙或柱支承，翼墙发挥拉门框墙的作用。

对于支撑门框墙的翼墙，正向和反向的受力的差别是压（门框墙剪力产生）、弯（门框墙弯矩产生）和拉、弯的差别。门框墙本身只要做好与翼墙的连接，翼墙保证其强度，对于正向反向门框墙受力简图是可以按一致考虑的。

另外根据《人民防空地下室设计规范》GB 50038—2005 第 4.12.5 条规定，防护设备联结件都要考虑反弹力，也就是门框墙都存在反向荷载，区别对待 L 形、T 形墙正反荷载受力合理性不合适，应该加强与翼墙的连接保证翼墙强度，使支座不先于门框墙破坏，更合理和便于操作。

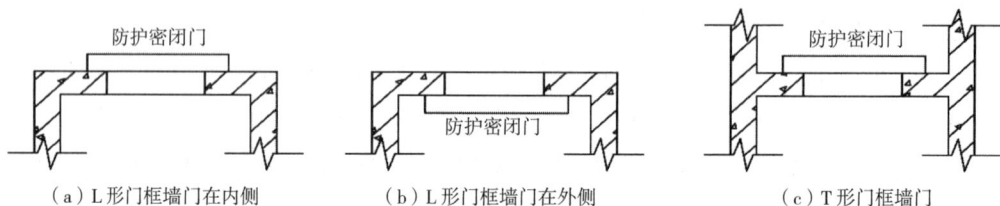

(a) L 形门框墙门在内侧　　(b) L 形门框墙门在外侧　　(c) T 形门框墙门

图 4-4　门框墙嵌固端示意图

85. 当门框墙设上挡梁时，设计时还应注意哪些问题？

门框墙上设置上挡梁，截面高度可以按照《钢筋混凝土门框墙》07FG04 和《防空地下室结构设计手册》RFJ 04—2015 查表确定或者按计算确定。查表确定时应注意所查表格适用净高；计算确定应注意单扇门和双扇门对上挡墙的反力系数 γ_a 的不同和合理确定上挡梁两端的支座形式。

设计上挡梁时应注意的问题：

（1）当上挡梁位于通道外时，需确保上挡梁纵向钢筋在两侧墙体内的锚固要求，必要时可采取设置端柱等措施。

（2）通道内上挡梁突出墙面时，应注意是否影响对应密闭门的正常开启。

（3）保证上挡梁两侧结构可以有效传递该梁支座反力，当无法满足固结要求时可按铰接设计。

（4）上挡梁设计中，应尽量避开门框墙上方预埋的 4~6 根电气备用管或其他设备专业管线。

86. 地上建筑双墙在地下合成一道人防内墙，其最小配筋如何考虑？

[问题补充] 因抗震缝的设置，地上为双墙，地下合成一道厚墙，地下厚墙为人

防内墙，根据《平战结合人民防空工程设计规范》DB11/ 994—2013 第 4.6.7 条，人防墙最小配筋是按偏心受压构件（单边 0.2%）还是按受压构件（全截面 0.4%）要求？

《人民防空地下室设计规范》GB 50038—2005 第 4.11.4 条已明确规定：在防护单元内不宜设置沉降缝、伸缩缝；当上部地面建筑需设置伸缩缝、防震缝时，防空地下室可不设置。也就是说，在防空地下室的布局中都可以采取地下合成一道厚墙的人防内墙来处理，这片合成墙体的最小配筋率，应按甲类和乙类人防工程来分别控制。

当合成的厚墙为相邻防护单元的隔墙、临空墙、外墙时，应计入等效静荷载作用，按偏心受压构件考虑，这片墙体的最小配筋率应按照受弯构件（包括偏心受压及偏心受拉构件一侧的受拉钢筋）的最小配筋率来控制；而当厚墙作为一般的人防内墙（两侧的板跨基本相同，不考虑人防等效静荷载作用）时，则应按受压构件考虑，其最小配筋率应满足工程所执行人防规范的构造要求。

87. 在防护墙体配筋图中，竖向受力钢筋是内侧或是外侧？

[问题补充] 在人防外墙、临空墙、防护单元隔墙配筋详图中，竖向受力钢筋是放在水平钢筋的内侧还是外侧？

剪力墙竖向钢筋放在水平钢筋的内侧，既符合受力要求又方便施工。但是人防工程外墙、临空墙及防护单元隔墙的荷载和受力与剪力墙有所不同，一般情况下，人防外墙、临空墙及防护单元隔墙，竖向是墙体主要受力方向，竖向钢筋作为主要受力筋放在水平钢筋的外侧，可节约钢筋材料，但会对施工造成不便。

在工程实践中，在墙体钢筋排列方向应与结构计算简图一致，并符合单向板和双向板钢筋排列原则。在绘制人防墙体配筋详图时，如果竖向是墙体主要受力方向，则竖向钢筋就应该放在水平钢筋的外侧。如果防空地下室位于地震设防区，地下室有抗震要求，一般墙体的配筋都把水平钢筋放在竖向钢筋的外侧。故人防的外墙、临空墙以及防护单元隔墙在进行截面验算时，应注意内、外层钢筋 a_s 的取值问题，当水平钢筋必须放到竖筋外侧时，要在计算中考虑墙体 a_s（受力钢筋合力点的位置）改变。

人防结构构件的构造可以参考《防空地下室结构设计（2007 年合订本）》FG01~05。

88. 水池处的人防墙体计算时是否要考虑人防荷载和水压力的组合？

通常，水池和结构构件不是共用的，平时抗震也是这样要求。这是为避免结构震动产生裂缝时，导致水池产生次生灾害，人防工程的战时水池也是这样。此时，水压力（包括正压力和侧向压力）就由水池承担了。

如果防空地下室临空墙或防护单元隔墙一侧有水池，人防墙体作为水池侧墙，应分情况考虑水压力的影响。

如果水池在人防区，防空地下室临空墙作为水池壁时，可以不考虑水压力参与组合，按人防临空墙荷载计算。

如果水池在人防区以外，可结合溢水口处的水位，将水压力与人防荷载进行组合计算。应该说明的是：两种情况下临空墙的防水要求均较高，宜按《人民防空地下室设计规范》GB 50038—2005 表 4.6.2，构件使用要求密闭防水要求高的取构件延性比进行计算设计。

89. 主楼加大地库防空地下室，外墙的人防荷载是否考虑上部建筑影响？

[问题补充] 主楼加大地库（地库边界大于上部建筑边界）防空地下室，在计算地库外墙的人防荷载时，需要考虑上部建筑影响吗？

多栋主楼通过地库连为一体的结构形式在考虑外墙荷载时，应分区域来分别考虑。

当地下室外墙位于主楼投影范围内时，由于上部建筑外墙的存在，使空气冲击波产生反射，反射压力作用于地面，加大局部地面压力，造成地下室外墙外侧压力增加。具体可参见《人民防空地下室设计规范》GB 50038—2005 第 4.4.7 条。

当地下室外墙超出主楼投影区域时，地下室外墙的位置已超出上部建筑外墙受空气冲击波形成涡流所影响的区域，所以地下室外墙可不考虑上部建筑影响。

应该说明的是，在这种情况，由于上部建筑外墙使空气冲击波产生反射，造成上部建筑外墙外侧冲击波大小高于正常地面冲击波压力，原因可参照《人民防空地下室设计规范》GB 50038—2005 第 4.4.7 条理解，从而造成上部建筑外墙外侧一跨顶板等效静荷载增加。

90. 上挡墙按悬臂构件计算时，顶板可否满足嵌固要求？

[问题补充] 双扇防护密闭门 GHFM6025（6）上挡墙按悬臂构件计算时，上挡墙厚度 500mm，而上挡墙支座（顶板）厚度仅为 250mm，可否满足嵌固要求？

这是人防工程施工图审查中经常会遇到的一类问题，依据《人民防空地下室设计规范》GB 50038—2005 第 4.1.4 条：防空地下室结构设计，应根据防护要求及受力情况做到结构各个部位抗力相协调。显然，问题所提到的情形不能做到各部位抗力相协调。

上挡墙按悬臂构件计算时，作为支座的顶板厚度应能保证足够的嵌固条件，若顶板厚不足时，可考虑上挡墙内外侧的一侧或两侧区格板加大顶板厚度或局部加强解决。

目前有些设计中，在工程层高较高时，由于上挡墙（梁）高度往往超过《钢筋混凝土门框墙》07FG04 图集中给定的梁高，会将上挡墙（梁）在门洞上方设置加强肋梁，这只能解决梁高悬臂过长的问题，但不能解决顶板嵌固强度的问题。

91. 上挡墙按悬臂梁计算高度较大时，合理设计方案有哪些？

[问题补充] 当人防门洞口宽度较大，门框墙上挡墙较长时，门框墙不能按照悬臂梁配筋时，一般有三种方案，哪种较为合理？

方案一：设置端梁，但是端梁跨度较大，导致计算端梁高度较大，影响后期管综专业，可设计为加腋梁，减小梁高。

方案二：悬臂梁根部局部加厚，以满足根部受弯需要。

方案三：设置暗梁，暗梁只承受门扇传递的集中荷载，暗梁以上按照悬臂梁计算配筋。

方案一是人防结构图集采用的标准做法，是推荐做法，可用于任何部位。

从受力上分析的话，上挡梁属于单梁，无论支撑在垂直挡梁的两侧墙体上，还是门洞两侧的边柱上，支座按完全固端都是不合适的，按完全简支又太过保守，选择按弹性嵌固会更符合实际一些。

当梁支座侧是门框边柱时，支座弯矩更接近于简支；当梁支座是较厚的墙体时，梁端弯矩值更接近于固端，当梁支座是较薄墙体时，梁端弯矩接近于固端和简支之间（对于薄墙和厚墙的分界线建议可以按上挡梁高的 1/2 为界，支撑墙厚大于 1/2 梁高为厚墙否则为薄墙）。

目前人防图集《钢筋混凝土门框墙》07FG04 和《防空地下室结构设计手册》RFJ 04—2015 给出的凸出墙面的上挡梁配筋是前后两侧为对称配筋，是按照两端嵌固计算上挡梁配筋，是偏于安全的；原《防空地下室结构设计（2004 年合订本）》FG01~03 凸出墙面的上挡梁配筋是外侧构造，内侧配筋大，是按照简支梁计算配筋。如果图集与实际情况不相符，可以在设计中采用更合理的计算模型进行单独验算。

如果为了减小梁高采取梁支座加腋的方案，也是可行的，但需要进行专项设计计算，而且实际施工中模板和钢筋会复杂些。对上挡加腋梁的应用提出以下建议：加腋梁用于支座为较厚墙体的情况会比较经济合理，加腋不但起到减小梁高，增加支座抗剪能力，也起到了减小支座配筋的作用；如果用于支座为门框边柱部位，加腋只起到增加抗剪能力的作用，对支座配筋没有影响（支座弯矩接近于简支），而且上挡梁计算中，决定截面高度的一般是受弯配筋，所以加腋显得浪费；对于薄墙，加腋的作用介于支座为厚墙和柱子之间，需要判断经济合理性后采用，对于弹性嵌固调整系数可以自己设定，一般按照 0.5 取值是可行的。

方案三增加暗梁也是人防结构图集采用的标准做法，但方案三的受力分析不合理，力的传递是不会根据假设来传递的，暗梁由于钢筋增加，其刚度也必然会增加，但暗梁高度与挡墙同厚，对于大洞口并不能表现出明显的对挡墙支撑关系，可以理解为存在弱支撑，也就是说虽对于大跨度上挡梁暗梁起到的边支撑作用很有限，但暗梁以上墙体并不能理解为悬臂受力。

方案二将上挡墙底部局部加厚增加抗弯能力，相当于根部局部加腋，也是可行的。

比较常用的还有将上挡墙整体加厚的方案。应用此类方案上挡墙高度要小于洞宽的1/2，而且要对支撑上挡墙的顶板做加厚或者局部加强的处理（局部加强的处理方式比如：增大加腋长度并加大影响区格的顶板配筋）。

对于上挡墙过高，减小门框墙上挡梁高度问题，再给出以下几种方案供参考：

（1）采用下沉门框墙前后两侧任意一侧的顶板，以减小上挡梁的计算高度；

（2）采用在挡墙高度范围内再增加一道挡梁，采用双梁方案；

（3）采用上挡梁反向凸出的反梁受力方案，解决门框墙内侧空间不足的问题；

（4）采用抬高上挡梁使之位于门洞上方某一高度部位方案；

（5）采用上挡梁内增加型钢，按照型钢混凝土梁设计；

（6）采用增加门框墙上挡梁两侧支座的刚度，使其变形更接近于两边嵌固的受力形式，在此前提下可采取支座加腋的措施进一步减少梁高。

92. 边缘约束构件是否可以替代门框墙？

[问题补充] 若可以，那么边缘约束构件的箍筋是否应按照门框墙水平受力钢筋的要求制作安装，且直径应不小于 12mm？

剪力墙的边缘构件是由边缘暗柱、边缘端柱、边缘转角墙、边缘翼墙组成，这些都是剪力墙结构中特有的。它们的作用都一样，设置在剪力墙的边缘，起到改善受力性能，满足建筑结构抗震的需求。

而人防工程的门框墙是设置在人防口部的结构，它承受战时核武器或常规武器作用下的冲击波荷载，包括直接作用的均布荷载和门扇传来的集中荷载，门框墙是一个悬臂结构，水平受力钢筋是根据战时工况荷载计算配置，构造要求在《人民防空地下室设计规范》GB 50038—2005 已有规定。所以边缘约束构件不可以替代门框墙，或者说防护密闭门门框墙不能只按边缘约束构件构造配筋。

如果工程实际存在门框墙同时也是剪力墙的约束边缘构件，位置重合，那么这部分结构（约束边缘构件）需同时满足抗震设计要求和人防门框墙的配筋和构造要求。边缘约束构件的箍筋除了满足《建筑抗震设计规范》(2016 年版) GB 50011—2010 的相关规定，同时应按照门框墙水平受力钢筋的要求制作安装，还有其他一些规定，比如：箍筋在墙内互锚，受力配筋需满足人防工程规定的最小配筋率，门框墙需满足最小厚度 300mm 等。

93. 防空地下室密闭门框墙墙洞周边加强的受力原理是怎样？

密闭门门框墙可以不考虑水平冲击作用，仅考虑竖向荷载作用、沿墙肢方向的剪力作用和顶底板对墙肢产生的平面外弯矩作用。门框墙可以参照普通民用建筑的混凝土墙体洞口受力模型来分析。

当门框墙与主楼剪力墙重合时，可以参照一般剪力墙的计算分析方法。考虑洞口侧墙肢的受弯承载力和抗剪承载力，并验算洞口上连梁和下方地梁的承载能力。

当门框墙仅涉及防空地下室部分，不与主楼剪力墙重合时，主要考虑计算洞口上方的梁和下方梁的承载能力，以及墙体竖筋切断后竖向承载能力的削弱，洞口侧设置必要的构造加强钢筋，进行补强。

另外按照人防构造要求，门框墙体还应设置梅花形拉结钢筋，洞口四角增加斜向加强钢筋，改善角部应力集中问题。

94. 外墙、临空墙附加钢筋在哪一侧？

在武器爆炸荷载作用下，外墙、临空墙为大偏心受压构件，可简化为受弯构件进行计算，一般情况下底板较厚，可简化为嵌固端，顶板依据实际情况可简化为嵌固端或铰支端，计算结构弯矩，如图 4-5 所示。在设计中，由于人防工程结构构件要求双面配筋，有采用按计算配筋面积双层双向配筋的方式，也有采用在荷载一侧配置一定数量的通长钢筋，支座采用增加附加筋达到计算配筋面积要求的方式。

在外墙、临空墙附加筋设计时，附加筋总是设计在等效静荷载作用的墙侧，一般情况和墙体通长筋并排交叉设置，当并排设置钢筋净距小于 50mm 时，可以采用并筋，并筋可采取横向（平行于墙面方向）和纵向（垂直于墙面方向），纵向并筋建议将附加筋设置于通长筋内侧，设置在通长筋外侧会导致通长筋保护层过大。附加筋设置长度应满足《防空地下室设计荷载及结构构造》07FG01、《混凝土结构施工图平面整体表示方法制图规则和构造详图 – 现浇混凝土框架、剪力墙、梁、板》16G101—01 的构造要求，如图 4-5 所示。

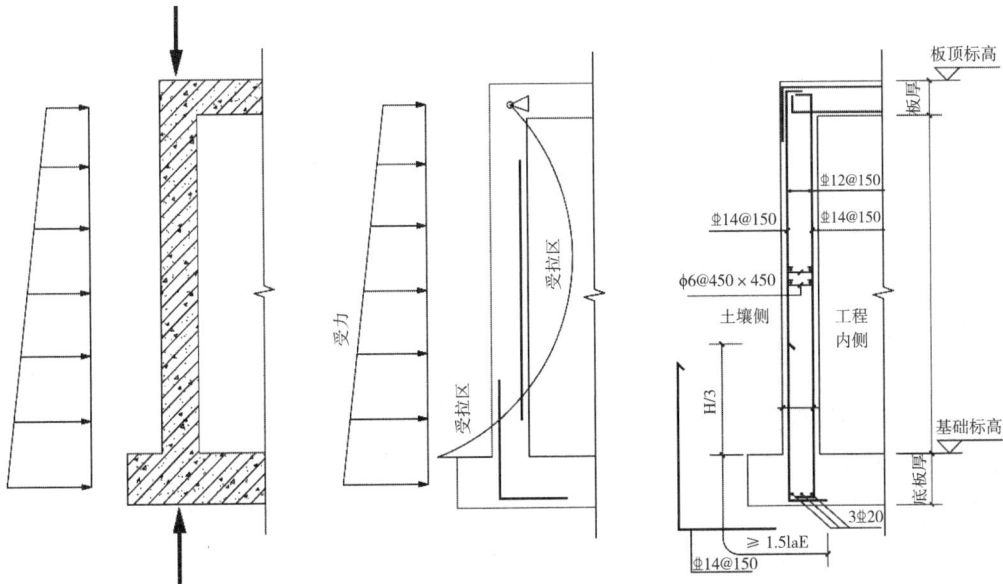

图 4-5　外墙体受力及配筋图

95. 外墙抗剪钢筋设置在冲击波一侧是否正确？

[**问题补充**] 人防外墙上下端增设抗剪钢筋是在外侧还是里侧？

防空地下室外墙一般按照受弯构件计算，抗剪不会成为控制指标。如果工程由于埋深大、墙厚较薄或人防抗力等级高，计算确需增设抗剪钢筋，抗剪钢筋可采用拉筋、箍筋或弯起钢筋。当用拉筋或箍筋作为抗剪钢筋时就不存在放在哪一侧问题；当采用弯起钢筋作为抗剪钢筋时，在墙底外侧由受拉区弯向受压区并水平锚固，弯折角度可按照 45°。应该说明，在低抗力人防工程中，常常外墙的厚度和配筋受平时使用条件下裂缝开展宽度的控制，在结构设计中应进行平时荷载条件下结构验算。

第 4 节   梁板结构设计

96. 防空地下室加腋楼板结构设计时，是否可以选择弹性楼板模型假定？

对于梁截面相对较小的工程（梁高和板厚比不大于 2），梁板共同变形的趋势较强，按照弹性楼板假定计算，梁板协调性和经济性较好；对于梁截面较大的工程，梁板共同变形的趋势弱化，呈现出更多板以梁为支撑边界的变形的形态，按照刚性板计算假定更符合受力形态。对两种计算假定分述如下：

（1）当按弹性楼板计算时，首先可将楼板定义为弹性板，参照无梁楼盖原理进行计算，考虑梁板的共同作用和协调变形，按照其计算结果进行梁板的配筋。

楼板配筋参照无梁楼盖划分板带配筋，梁配筋按照弹性楼板模型计算结果配置，但应注意梁按弹性板模型计算结果的配筋面积不要小于按无梁楼盖暗梁的最小构造配筋面积要求。

另外由于荷载传递路径的改变会导致板面荷载多数直接向柱子传递，导致梁分担的荷载减少过多，不能只验算梁的箍筋是否满足，也要注意验算柱处对楼板的冲切是否满足，柱冲切验算建议采用全部荷载进行验算，如不满足要考虑增大柱帽尺寸。

（2）当按刚性板假定进行计算时，与常规梁板计算是一致的。梁的配筋直接以计算结果配置即可；板的配筋按照正常单双向板的配筋方式配筋即可，由于楼板腋角的存在，对板的刚度有很大提高，变形会减少很多，跨中配筋也会有所降低，支座由于加腋增加了板支座截面高度，配筋也会有所减小。按刚性板假定不用再验算柱处冲切，但梁要满足抗剪要求。

对于人防工程，由于工作状态处于弹塑性状态，要求的延性较高，无梁楼盖结构形式抗弹塑性变形的能力并不好，延性也没有梁板结构好，采用弱梁 + 大板（大板包括加腋楼板）+ 柱帽的结构形式在一定程度上提高了无梁楼盖的抗变形能力，使之有更好的延性。但由于梁板共同变形的弹性楼板假定，是基于理论研究，而且一般都是处于弹性状态下的分析方法，工程实际应用也并不十分成熟，对于人防开裂状态（构件处于非弹性状态），采用弹性楼板假定也很难完全与人防受力状态相符，所以人防工程还是建议优先选用刚性板计算方案，具体采用哪一种楼板假定，需要设计结合具体工程确定。

97. 人防工程顶板、临空墙是否都可以塑性设计？

[问题补充]《人民防空地下室设计规范》GB 50038—2005 第 4.10.1 条提出，对于超静定的钢筋混凝土结构，可按由非弹性变形产生的塑性内力重分布计算内力。

关于内力分析，《混凝土结构设计规范》（2015 年版）GB 50010—2010 提出允许采用弹性、塑性内力重分布、弹塑性、塑性极限等多种内力分析方法。对于超静定结构人防设计规范只说了塑性内力重分布的分析方法，根据《混凝土结构设计规范》（2015 年版）GB 50010—2010 塑性内力重分布主要指的是调幅法，调幅不超过 25%，并不是塑性极限分析法。

但现在许多软件中如盈建科、PKPM 都给出人防顶板要按塑性算法计算的选项，其计算原理是塑性极限分析法，并不是塑性内力重分布的分析方法，而且还考虑人防的材料综合调整系数，其计算结果经对比甲类六级人防基本和民用荷载相当，五级人防塑性算法的计算结果比六级按弹性分析法调幅法还小。这样的结果是否合适？

[相似问题] 人防哪些构件可以塑性设计？人防顶板可以按塑性设计，人防临空墙是否也可以塑性设计？

在人防工程设计中，钢筋混凝土顶板、底板、外墙和临空墙等，可按弹塑性阶段设计。对于特别重要或密闭要求高的防护结构，如钢筋混凝土防护密闭门的门框墙、水库侧墙等防水要求高的构件，仍限制在弹性工作阶段，应按弹性分析方法计算内力。

塑性内力重分布是考虑钢筋混凝土梁在进入弹塑性阶段后，各截面间的抗弯刚度比值不断变化，由于是超静定结构，各截面的内力也将不断变化，当个别截面出现塑性铰以后，其内力比值又有更大的变化。超静定结构的这种因刚度比值改变或因出现塑性铰而引起的内力不再服从弹性内力分布规律的现象称为塑性内力重分布。实际工程应用时，采用弹性计算的弯矩并进行调幅的方法来考虑塑性内力重分布，其实是一种简化方法，不是塑性极限设计法。

建议顶板可采用塑性内力分析方法计算或对采用弹性内力分析方法计算的结果进行调幅处理，可在按弹性内力分析方法计算的基础上进行调幅。当采用塑性内力分析方法计算时，负弯矩与正弯矩的比值不宜小于 1.4，宜取 1.8 左右；当在按弹性内力分析方法计算的基础上进行调幅时，调幅比例不宜大于 25%，宜取 15% 左右。人防临空墙可同顶板计算。

部分软件中都给出人防顶板要按塑性算法计算的选项，其计算原理是塑性极限分析法，并不是塑性内力重分布的分析方法，在人防工程结构计算中是允许的，因为人防工程在结构等效静荷载确定时，已考虑了结构的延性比。实际相当于考虑了结构进行塑性极限状态的情况。如果在软件整体计算中再考虑，相当于考虑了两次，造成结构战时状态的不安全。

98. 多层人防工程中间楼板板厚及配筋率如何确定？

[问题补充]《人民防空地下室设计规范》GB 50038—2005 第 4.11.3 条中间楼板最小厚度 200mm，如果上下层属于同一防护单元，厚度需满足此要求吗？配筋率要满足第 4.11.7 条的受弯构件还是偏心受压构件的要求，或者按平时设计即可？

对于防空地下室或人防工程，如果上、下层属于同一防护单元，中间楼板受荷方式与普通楼板是基本一致的，但由于在水平向是作为承受等效静荷载的外墙支座，所以在构造上要求上是有差别的。

如果将外墙看成有人防荷载作用的多跨连续板，那中间楼板就类似于人防的承重内墙，楼板也发挥了类似人防承重内墙的作用；另外地下室内部围护结构墙体（如临空墙、门框墙等），也是以中间楼板作为支撑点进行计算，所以构造参照人防承重墙体，中间板采用最小厚度 200mm。

无论该中间楼板上下属于同一防护单元或不同单元，在平时和战时荷载作用下都是作为人防外墙的支座，即该楼板除承受板面（或板底）的荷载作用外，还有外墙传来的轴力，所以，该板是偏心受压构件，可以作为偏心受压构件进行截面验算。但是，为了简化计算，大多作为受弯构件进行验算，这样计算得出的配筋比偏心受压构件稍大但误差不多。所以，设计计算时两种方法都是可以的。

关于配筋率，原则上说，如果按受弯构件进行截面验算，最小配筋率应满足受弯构件要求；若按偏心受压构件进行截面验算，则应满足偏心受压构件的最小配筋率。《人民防空地下室设计规范》GB 50038—2005 对于受弯构件、偏心受压和偏心受拉构件一侧的受拉钢筋配筋百分率并没有区分，只是根据混凝土强度等级的不同而有所区别，这就不存在配筋率的这种矛盾了。

99. 甲类防空地下室顶板为梁板结构时，顶板如何布置纵向通长受力钢筋？

根据《人民防空地下室设计规范》GB 50038—2005 第 4.11.7 条规定：钢筋混凝土受弯构件，宜在受压区配置构造钢筋，构造钢筋面积不宜小于人防受力筋最小配筋率。

从实际受力分析上来看，顶板在爆炸动荷载作用下会产生振动，板的上部和下部将交替承受拉、压作用，如果板上部采用分离式配筋，则在顶板受压区无配筋的混凝土区段将产生裂缝，不能保证顶板的密闭性；另外顶板在大挠度的情况下，板上部的通长钢筋将直接起到拉索的作用，这对顶板防倒塌也是一项十分重要的措施。

综合以上两个方面，人防工程顶板应采用双面配筋并宜通长布置。

特别应该说明，对于乙类防空地下室顶板，工程顶板也应采用双面通长配筋。

100. 对"当板的周边支座横向伸长受到约束"如何理解？

[问题补充] 如何理解《人民防空地下室设计规范》GB 50038—2005 第 4.10.4 条 "当板的周边支座横向伸长受到约束"？

当板的四边支座为现浇钢筋混凝土梁或墙体时，由于横向伸长受到约束，由支座向平面内产生的水平推力，形成穹拱作用，从而对板构成有利的影响，减少了板的弯矩值。

101. 板的跨中弯矩折减系数 0.7，采用有限元方法是否考虑折减系数？

[问题补充]《人民防空地下室设计规范》GB 50038—2005 对板的跨中弯矩折减系数 0.7 是否偏小，是否只针对弹性算法的表格法，采用 FEM（有限元）方法是否考虑此折减系数？

在荷载作用过程中板中产生了面力，这种面力使板的抗弯能力提高，从而提高板的承载力。板承载力的提高大小与边界的约束条件有关，板受到横向约束是面力产生的重要条件，而发生较大变形是面力效应充分发挥的前提。地下防护工程主要承受冲击爆炸作用，荷载作用允许进入塑性工作阶段并产生较大变形，形成拉 - 压自锁作用。考虑面力作用可充分发挥防护结构构件的承载潜力。但计入面力效应的构件抗力分析十分复杂。通常在工程设计中，为计算简便，在计算内力时不再直接考虑面力效应的有利作用，但对跨中截面的计算弯矩予以折减。对于采用有限元计算方法的板由于已经计入轴力作用不应再考虑折减系数。

102. 人防无梁板顶层筋如何配置？

对于上层钢筋，按照《人民防空地下室设计规范》GB 50038—2005 的附录 D 中第 D.3.2 条第 3 款，支座处的顶层钢筋可以局部截断，但是，局部截断是有条件的。

首要条件是相邻支座负弯矩相差较大，其次是截断的数量为"不应超过顶层受力钢筋总截面面积的 1/3"，第三是截断的长度为"被截断的钢筋应延伸至正截面受弯承载力计算不需要设置钢筋处以外"。后面两点很明确，关键是如何理解"相邻支座负弯矩相差较大"。如果负弯矩大的支座截断了约 1/3 钢筋后，还有 2/3 钢筋拉通，其面积接近相邻支座的配筋，这是符合上述条文的。

通常，无梁楼盖为正方形或矩形，并且是等跨的，一般与相邻支座负弯矩相差不是太大。跨中板带的支座弯矩本身不大，上层钢筋拉通没有大的问题，但柱上板带的负弯矩钢筋较多，且与相邻支座弯矩相差不大，不符合"相邻支座负弯矩相差较大"的条件，也就是说，上层钢筋要拉通。但是柱上板带的弯矩较大，有时上层钢筋全部拉通，钢筋直径大，间距很密，浇捣混凝土很困难，容易出现质量问题，这就要想办法减小配筋量。减小的方法有：

（1）适当增加顶板的厚度。

（2）适当加大柱帽的尺寸（满足结构构造和建筑的美观要求）。

（3）无梁楼盖可按弹塑性工作阶段进行设计，采取负弯矩调幅措施，适当减少柱上板带配筋，增加跨中板带配筋。

（4）对顶板的柱上板带负弯矩进行截面验算时，不宜采用柱子中间截面的弯矩值，应采用柱子边、柱帽和顶板交界处两个截面的弯矩值（如果柱帽上面有托板，则取柱子边、托板与柱帽交界处及托板与顶板交界处三个截面），并采用两个截面计算所得的纵向配筋较大值进行设计。因为柱子的中间不是最危险的截面，而负弯矩从柱子的中间到柱子边及柱帽边会减小许多。采用以上办法计算所得的弯矩及配筋量会有所减小，改善钢筋的间距较密的问题。

如果规范能对"相邻支座负弯矩相差较大"的条件有所放松，并且对中间拉通的钢筋作出含钢率和钢筋间距的规定，使无梁楼盖顶板的上层钢筋支座能截断 1/3 或若干，其余的拉通（当然须符合含钢率及钢筋间距的要求），这样拉通的钢筋间距较合理，经济性也好，且不影响结构的安全度和抗武器爆炸震动的构造要求。只是现行规范并未放松，希望今后可对此问题进行试验和研究，为下一步规范对这问题的修改提供依据。

103. 防空地下室顶盖是否可以设计折梁或折板，其构造要求如何？

防空地下室顶板可以做折板和折梁，多用于楼梯坡道或结构找坡的部位。角度控制在 30° 以内较好，不要超过 45°，使梁受弯为主。折梁折板的构造可以参照《混凝土结构施工图平面整体表示方法制图规则和构造详图—现浇混凝土框架、剪力墙、梁、板》16G101—1 第 91 页和第 103 页（图 4-6），注意锚固长度要按照 l_{aF} 执行。

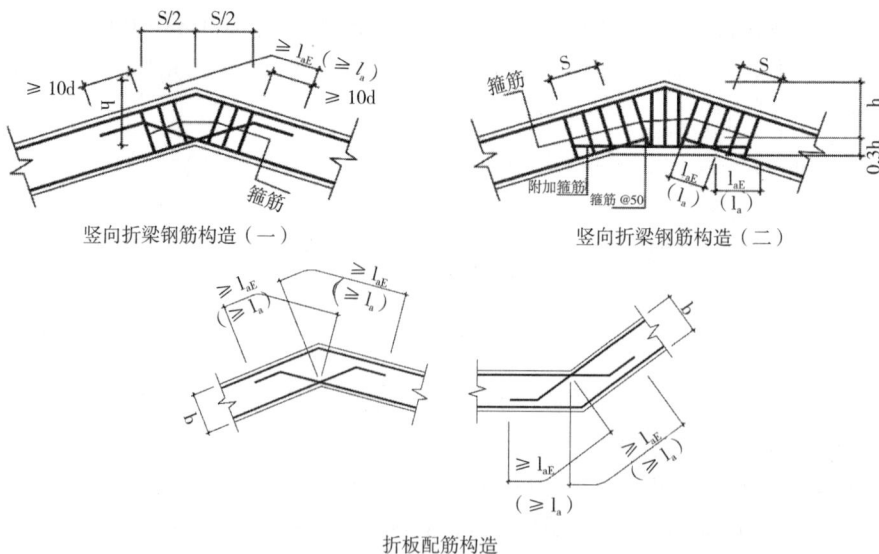

竖向折梁钢筋构造（一）　　　　竖向折梁钢筋构造（二）

折板配筋构造

图 4-6　折梁折板配筋构造

对于局部升降板形成的折板构造和受力形式按以下要求执行：

（1）当折板不大于 300mm 时，受力如图 4-7 所示，构造做法可以直接按照《混凝土结构施工图及平面整体表示方法制图规则和构造详图》16G101 图集。

（2）当折板大于 300mm 时，建议增设边梁，受力如图 4-8 所示。

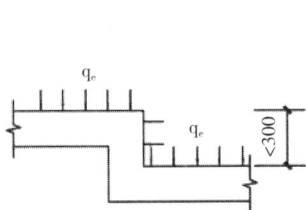

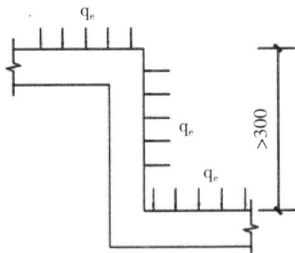

图 4-7　折板不大于 300mm　　　　图 4-8　折板大于 300mm

边梁同时承受竖向荷载与水平荷载，所以边梁箍筋既是抗剪的箍筋，又是作为外墙竖向受力筋，应满足《人民防空地下室设计规范》GB 50038—2005 第 4.11.7 条要求。

104. 人防梁板计算配筋是否需要多计算一跨？

[问题补充] 人防梁板计算配筋是否需要多计算一跨或者多配一跨？如果不多计算一跨，在人防受力状况下是否会引起人防区与普通地下室交接地方的破坏？

人防区与普通地下室交接部位，模型需要至少多建不少于两跨，人防荷载不需要多考虑一跨，因为在战时荷载工况下，人防区与非人防区交界位置梁板结构会产生塑性铰直至破坏，降低了普通地下室侧对防护区带来的影响。

在实际设计中，通常是整个地下室都整体建模计算，这样从整体出图和计算精确度上都较好。

105. 人防顶板梁，梁底有多排钢筋时，是否在柱边可部分截断？

[问题补充] 人防顶板为梁板结构，梁底配筋比较多，有多排钢筋，其梁底钢筋能否像一般框架梁那样在柱边截断一部分？

根据平时设计的要求，当梁底部配筋比较多，有多排钢筋时，可将框架梁底筋在柱边截断一部分，也是需要满足一定条件的，具体要求如下：

（1）如果平时为转换梁等特殊构件或框架扁梁，不应截断。

（2）如为普通框架梁或者次梁，截断后的底筋满足以下条件时，可以截断：

①满足各种工况计算时的包络弯矩值的要求。

②应满足平时的构造要求，即《建筑抗震设计规范》（2016 年版）GB 50011—2010 第 6.3.3 规定（《混凝土结构设计规范》（2015 年版）GB 50010—2010 等其他规范也有类似规定）：

"6.3.3 梁的钢筋配置，应符合下列各项要求：

1 梁端计入受压钢筋的混凝土受压区高度和有效高度之比，一级不应大于 0.25，二、三级不应大于 0.35。

2 梁端截面的底面和顶面纵向钢筋配筋量的比值，除按计算确定外，一级不应小于 0.5，二级不应小于 0.3。"

③应满足人防的构造要求，即《人民防空地下室设计规范》GB 50038—2005 第 4.11.9 条规定：

"钢筋混凝土受弯构件，宜在受压区配置构造钢筋，构造钢筋面积不宜小于受拉钢筋的最小配筋率；在连续梁支座和框架节点处，且不宜小于受拉主筋面积的 1/3。"

从人防角度来说，顶板受力模式并不等同于民用，人防顶板在计算时虽然是采用等效静荷载法，按照结构静力分析计算的模式来代替动力分析，但实际防空地下室结构承受的是武器爆炸动荷载的作用。在爆炸动荷载的作用下，钢筋混凝土结构梁、板、柱、墙等构件将产生往复振动，双面配筋的构造要求至关重要。

对于人防顶板梁，梁端底部配置一定数量的纵向钢筋，有助于改善梁端塑性铰区在负弯矩作用下的延性性能，还能防止在梁底出现正弯矩时过早屈服或破坏过重，造成对承载力和变形能力的影响；另外考虑常规武器和核武器作用的行波效应，人防工程的各个部位的等效静荷载作用的最大值不是同时达到的，现在的计算结果可能也无法包络到真实受爆全部的工况，应该适当提高安全度。所以人防工程框架梁的底部钢筋是不宜截断的。

如果实际工程中，梁配置钢筋确实过多，首先应考虑加大梁的截面，如果截面无法调整，在梁底进入支座的钢筋数量影响混凝土浇筑质量的情况下，方可考虑将梁底最上面一排钢筋（第三排或第四排钢筋）在柱边截断，不进入支座。梁底钢筋截断的具体做法，可参考《混凝土结构施工图平面整体表示方法制图规则和构造详图 – 现浇混凝土框架、剪力墙、梁、板》16G101-1 第 90 页做法，如图 4-9 所示。

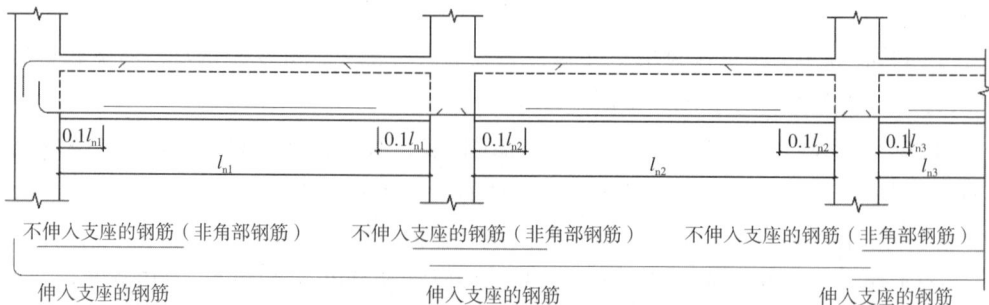

图 4-9 不伸入支座时的梁下部纵向钢筋断点位置示意

第 5 节　出入口结构设计

106. 主要出入口为何不能采用砌体填充墙框架结构体系？

防空地下室的战时主要出入口由防毒通道、扩散室、防护密闭门以外的通道和排风竖井组成。防毒通道、扩散室这部分不能采用砌体填充墙是由于砌体填充墙不能满足密闭要求且冲击波作用下易发生破坏；防护密闭门以外的通道、排风竖井一般不采用砌体填充墙主要是由于砌体填充墙在冲击波作用下容易被吹走造成口部通道的堵塞，不利于疏散，也不利于战后洗消，所以《人民防空地下室设计规范》GB 50038—2005 第 3.2.13 条、第 3.4.7 条要求采用钢筋混凝土结构。

107. 主要出入口与次要出入口如何进行结构防护？

主要出入口为战时空袭前、后，人员或车辆进出较有保障，且使用较为方便的出入口；次要出入口为战时供空袭前使用，当空袭使地面建筑遭破坏后可不使用的出入口。非主要出入口除临空墙外，其他与防空地下室无关的墙、楼梯踏步和休息平台等均不考虑爆炸动荷载作用。

主要出入口各部位除满足相应抗力的防护能力外，其中室外出入口应保证出入口至室外的通道结构在爆炸荷载作用下的安全，通道顶板、底板和墙体按土中压缩波作用的等效荷载计算，不考虑内压作用，对位于倒塌范围内的甲类防空地下室的主要出口地面段（无防护顶盖段）应设置防倒塌棚架；室内出入口做主要出入口时，首先应满足《人民防空地下室设计规范》GB 50038—2005 第 3.3.2 条要求，并保证楼梯及竖向支撑构件在爆炸荷载作用下的安全性。

主要出入口要求是在设定的武器打击后，保证人员能够出入，这里面包括很多内容。总的思想是，人员出第一道人防门以后，直到人走出地面（能抬头看到天空前），都要保证结构安全。由于现在人防工程越来越复杂，在审图中，遇到很多影响主要出入口安全的情况，处理方案在这里尽量列出：

（1）自行车坡道或者剪刀型楼梯作为主要出入口时，坡道板之间的支撑墙体也应按双向受力的防护墙体考虑；

（2）人防门外承重墙体也应为防护墙体，因为承重墙体破坏会造成顶板倒塌；

（3）人防门外不能够看到砖墙，因为冲击波作用下可能会造成砖墙破坏从而堵塞人防门；

（4）如果是防空地下室在负二层，负一层为非人防时，负一层主要出入口所涉及结构构件也应参照前 3 条要求按人防设计。

108. 主要出入口通过下沉广场转换至地面时的楼梯，该如何计算？

[问题补充] 主要出入口通过负一层下沉广场转换至地面时的楼梯，该如何计算？如图 4-10 所示。

对于主要出入口通向负一层下沉式方场这种出入口形式，应该说是一种防护较安全的主要出入口方式，在设计中应着重注意以下问题：①主要出入口防护密闭门要满足防早期核辐射的要求，避免早期核辐射直接照射在防护密闭门及临空墙上。②设计时避免空袭后出入口通道遭堵塞，防护密闭门无法开启，人员、物资无法进出人防工程，这时应注意防护密闭门前墙体不能采用砌体结构或者上部建筑倒塌造成的防护密闭门无法打开。③对楼梯的设计荷载取值，较为复杂，荷载取值大小取决于下沉式广场空间大小、楼梯在下沉式广场位置（中间或者是角落）。一般来说，下沉式广场空气冲击波荷载会略小于地面冲击波超压，为安全考虑，可仍按地面冲击波荷载大小结构计算，也就是说，楼梯荷载可考虑正反两面宜相同取值，均按《人民防空地下室设计规范》GB 50038—2015 第 4.8.11 条正面作用荷载计算较妥当。④支撑楼梯的梯柱或墙等竖向构件要考虑冲击波的水平作用并能承受楼梯传来的竖向战时荷载。⑤考虑是否需要设置防倒塌棚架。

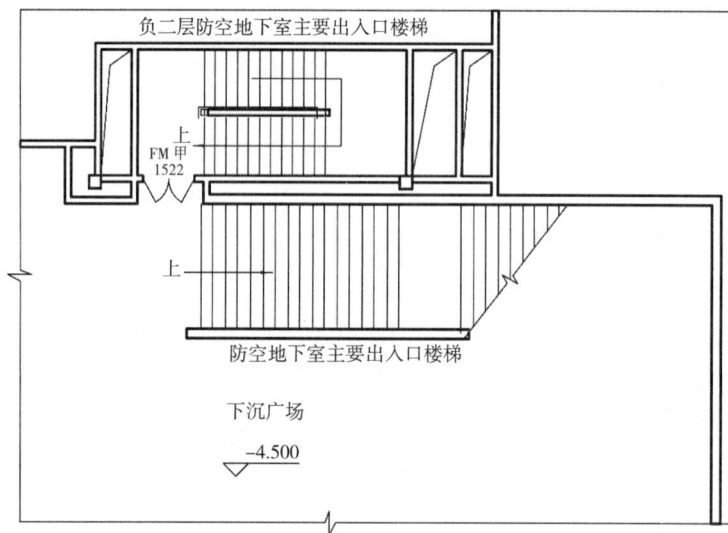

图 4-10　主要出入口通过下沉广场楼梯示意图

109. 主要出入口汽车坡道，坡道板和支撑结构如何设计？

[问题补充] 主要出入口，人防工程汽车坡道下有使用空间时，防护密闭门之外的坡道板和支撑结构该如何设计？

《人民防空地下室设计规范》GB 50038—2005 明确规定：防空地下室室外出入口土中通道结构上的核武器（常规武器）爆炸动荷载，有顶盖段通道结构，按承受土中压缩波产生的核武器（常规武器）爆炸动荷载计算，无顶盖敞开段通道结构，可不验算核武器（常规武器）爆炸动荷载作用；土中竖井结构，无论有无顶盖，均按由土中压缩波产生的法向均布动荷载计算，不考虑对结构受力有利的内压作用，其上部与非人防工程之间的隔墙宜考虑核武器（常规武器）爆炸作用，可按临空墙确定等效静荷载。

当汽车坡道当作人防工程主要出入口时，坡道板上侧人防荷载取值考虑两种情况：当汽车坡道为封闭式空间时，即由顶、底板及两侧钢筋混凝土墙体等构成，形成一端开口另一端封闭的通道状结构形式，由于空气冲击波不能够像楼梯受荷一样沿梯段板间的空隙向下传播，临空坡道板上会产生空气冲击波反射压力，作用在其临空坡道板上的等效静荷载会大于按人防工程顶板确定的等效静荷载，可近似按临空墙等效静荷载的 0.9 倍取值（坡道板按受弯构件考虑，允许延性比取 3.0；临空墙按大偏心受压构件考虑，允许延性比取 2.0；坡道板的动力系数约为临空墙的 0.9倍）；当汽车坡道为非封闭式空间时，如坡道端头开敞或两侧开敞，形不成一端开口另一端封闭的通道状结构形式，可参照《人民防空地下室设计规范》GB 50038—2005 第 4.7.10 条和第 4.8.11 条楼梯正面取值。

坡道板下侧人防荷载取值也考虑两种情况：当坡道板下侧为防空地下室或由临空墙围合的封闭空间时可不考虑冲击波作用；当坡道板下侧为普通地下室时，甲类工程可参照《人民防空地下室设计规范》GB 50038—2005 第 4.8.2 条防空地下室顶板荷载取值（建议 6B 级 35kN/m²，6 级 55kN/m²，5 级 100kN/m²），乙类工程不考虑反面荷载。

支撑坡道板的墙体也应按防护墙体考虑，此时墙体被坡道板分成两部分：当坡道板下侧墙体无冲击波作用时，坡道板以下墙体为防护单元内部墙体，主要以承担竖向荷载为主，坡道板以上部分墙体以承担水平向冲击波为主；当坡道板下侧墙体有冲击波作用时，坡道板以下墙体可能位于非防护区，墙体不但承担竖向荷载，还要承受冲击波作用，坡道板以上部分墙体仍是以承担水平向冲击波为主。坡道侧墙荷载取值方式如下：

常规武器作用下，坡道侧墙等效静荷载可按照《人民防空地下室设计规范》GB 50038—2005 第 4.7.6 条和第 4.7.7 条考虑；核武器作用下坡度侧墙等效静荷载可按照《人民防空地下室设计规范》GB 50038—2005 第 4.8.8 条考虑。当坡道下侧支撑墙体不考虑冲击波作用时，坡道板以下部分的墙体配筋可将坡道板以上墙体配筋向下延伸即可。

110. 是否将规范增加常用防护设备自振圆频率设计参数？

[问题补充] 建议将人防工程设计规范对常用防护设备自振圆频率多增加几种型号门的设计参数。

防护设备自振圆频率取值是通过大型模拟计算软件，经过复杂运算得出的，如双向钢结构门扇，是由肋梁及内外面板组成，三边支撑，自振圆频率计算复杂，不需设计人员掌握。同一类型的人防门设备得出自振圆频率，计算要耗费研究人员相当多的时间，所以一般情况下还应以目前人防设备图集能选到的设备，进行设计为宜。

111. 非标准人防门如何计算，计算和制作是否有相关资质许可？

人防门是由国家人防专门研究机构设计并经试验定型的，并由具备资质的厂家生产。人防工程设计单位仅掌握选用图集，人防门的设计图纸和加工图纸人防工程设计单位并不掌握。所以作为人防工程设计单位，一是尽量选用标准人防门，避免选用非标门；二是必须用非标时，可按《人民防空工程防护设备选用图集》RFJ 01—2008 的选用说明章节第九条的第 2 小条要求执行，"工程需要但图集中没有的防护设备属于异型防护设备，可委托编图集院进行非标设计"，并根据当地要求看是否需呈当地主管部门同意或者备案；三是自行研发，走研究、设计、试验、鉴定的线路。

第 5 章
防倒塌棚架

112. 只有地下三层为人防区，负一层和二层人防通道有防倒塌荷载吗？

[问题补充] 地下三层为人防区，负一层和负二层为普通地下室时，请问负一层、二层哪些部位是人防通道需考虑防倒塌荷载？

从地下三层人防区战时主要出入口人员出第一道人防门以后，经过地下一、二层非人防区直到人走出地面（能抬头看到天空前）的通道都要考虑人防荷载，包括人员经过的地板（包括坡段、梯段）、墙柱以及上方的顶板（包括坡段、梯段）。考虑了人防通道顶板等效静荷载后，无需再考虑地面建筑倒塌荷载作用。

113. 战时通风井在地面建筑范围内的设置有何要求？

[问题补充] 当人防工程位于主楼地下室时，个别竖井需要向上一直延伸至地上建筑的楼顶，此时在竖井向上延伸过程中经常需要改变竖井的位置（竖井在上部建筑内水平弯折），竖井与上部建筑连接过多，在战时容易受到破坏，这样做是否合理；战时使用的竖井能否在工程一层（建筑范围内）战时进行防倒塌、防堵塞的设置，不用向上一直延伸至屋顶？

战时使用的竖井应尽可能布置在地面建筑范围以外，对于个别竖井因无法避免而布置在地面建筑以内的，应贴地面建筑外墙设置，且至少有一侧面向室外开设洞口，完全被地面建筑包围是不允许的。

对竖井高度如不是通风专业或者建筑专业的特殊要求，没有必要伸至楼层顶。应注意，人防工程的竖井出地面段不能共用地面建筑的结构，且越高承受水平等效静荷载越多，内力也越大。

对位于倒塌范围内竖井的防倒塌措施有三点：

（1）要求竖井地面以上与主体结构脱开；

（2）百叶窗下地面以上的墙体高度不小于1m（应采用钢筋混凝土）；

（3）竖井采用防倒塌顶盖。

114. 主要出入口汽车坡道大于 7m 时，如何设置防倒塌棚架？

[问题补充] 车库主要出入口（双车道，大于 7m 时），是否可以在计算满足条件下设置防倒塌棚架？梁柱断面尺寸较大，与棚架设计理念不符。

汽车坡道作为主要出入口，在上部建筑防倒塌范围内需要设置防倒塌棚架，《防空地下室室外出入口部钢结构装配式防倒塌棚架》05SFJ05 图集提供一般常用装配式防倒塌棚架做法及选型，如有工程特殊情况防倒塌棚架图集不能满足要求，可以设计防倒塌棚架，需满足工程竖向和水平防倒塌等效静荷载计算的强度和稳定性要求，及柱脚基础设计。

防倒塌棚架柱承受的空气冲击波压力为环流压力，即动压作用，这就要求柱的截面尺寸不能太大，否则要承受超压作用。早期西部核效应试验时，防倒塌棚架柱截面取 250mm×250mm 未遭到破坏，参考国外资料，截面宽度允许放大到 600mm，一般设计应控制在 400mm 以内。另外，抗力级别 4 级及以下的人防工程处于核爆不规则反射区，承受地面空气冲击波作用，即空气冲击波平行地面传播，防倒塌棚架顶板按承受倒塌荷载作用，不考虑空气冲击波作用，故顶板应水平设置，不应斜向设置或出现折板。

115. 防倒塌棚架设计时如为剪力墙结构可否不设置防倒塌棚架？

[问题补充] 剪力墙结构具体指的是结构形式，还是室外楼梯处外墙为剪力墙结构，有无开洞率要求？

框架结构、框剪结构、剪力墙结构不是考虑建筑整体倒塌堵塞，而是考虑地面建筑外墙（填充墙）在空气冲击波作用下脱落砸向地面造成口部堵塞。所以如果与出入口相邻处于 5m 范围内墙体均为剪力墙时，可不考虑设置防倒塌棚架。可参照《人民防空地下室设计规范》GB 50038—2005 条文说明第 3.3.3 条理解。

116. 汽车坡道该如何设置钢结构防倒塌棚架？

汽车坡道采用钢结构防倒塌棚架有两种情况：

（1）坡道跨度在《防空地下室室外出入口部钢结构装配式防倒塌棚架》05SFJ05 范围内时可直接选用相应跨度钢结构装配式防倒塌棚架和相应柱脚做法即可；

（2）坡道跨度不在图集范围内时，应按照《人民防空地下室设计规范》GB 50038—2005 第 4.8.10 条荷载，按实际工程进行复核计算，相应材料强度提高系数按照第 4.2.3 条要求；柱脚也应按照实际情况受力进行重新计算确定。

应该说明的是，由于钢结构装配式防倒塌棚架仅适用于特殊人防工程项目，因涉及平时存放、维护，临战转换工作量等平战转换问题较多，各地人防主管部门对是否允许设置要求不同。

117. 主要出入口楼梯间出地面段防倒塌棚架建筑物可否采用砌体结构?

[问题补充] 位于主楼防倒塌范围外的主要出入口楼梯,由于建筑景观及防雨的需要,楼梯出地面段建筑物可否采用砌体结构,或者作为框架结构时四周砌体隔墙有何限制,如何避免砌体战时倒塌对楼梯造成堵塞?

对于倒塌范围以外的出入口上方建筑按照《人民防空地下室设计规范》GB 50038—2005 第 3.3.4 条要求:"因平时使用需要设置口部建筑时,宜采用单层轻型建筑";条文说明解释:"出地面段设在倒塌范围之外时,其口部建筑往往是因为平时使用、管理等需要而建造的。为了不会因口部建筑本身的坍塌,影响通行,从而要求口部建筑采用单层轻型建筑。这样若一旦遭核袭击时,口部建筑容易被冲击波'吹走',即便未被'吹走',也能便于清理。"

砌体结构中,砌体承受水平荷载能力差,在冲击波作用下倒塌概率极高。此结构形式是以砌体墙为支撑体系,一旦砌体承重墙破坏,楼板坍塌就会堵塞出入口,清理困难,所以主要出口地面段口部建筑不宜采用砌体结构。

口部采用框架结构是可行的,需要注意的是框架间填充的砌体和轻质围护墙体不要与柱进行钢筋拉结。

对于有抗震要求的地区,抗震规范对填充墙要求与柱进行拉结,这与人防口部建筑要求不让填充砌体与柱钢筋拉结矛盾,这样的矛盾也无法回避,建议有条件还是采用轻钢雨棚,围护结构可采用安全玻璃。如果景观需要,一定要采用砌体围护结构,以下建议可结合具体工程选择一项或多项:

(1) 最大化地增加洞口面积,框架间多开通窗,减少填充砌体面积;

(2) 采用建筑装饰取代围护墙体;

(3) 砌体或轻质围护墙体不要与墙柱进行钢筋拉结;

(4) 可考虑增设备用出入口,方便战后地下室内部维护人员外出清理主要口少量堵塞物体;

(5) 对围护砌体进行战前拆除,作为转换内容,并结合当地人防主管部门的要求设置。

118. 主要出入口钢筋混凝土防倒塌棚架柱有何要求?

[问题补充] 室外主要出入口钢筋混凝土防倒塌棚架柱的截面尺寸大小有何要求,为何不宜太大;如防倒塌棚架跨度较大柱子截面需 600mm 以上,在满足计算的情况下是否可行?

(1) 防倒塌棚架柱的截面尺寸宜在 250~350mm 之间,这符合《钢筋混凝土防倒塌棚架》07FG02 图集第 17~45 页的做法。钢筋混凝土防倒塌棚架柱的截面尺寸不宜太大,小的截面尺寸可以减少柱子垂直面受冲击波作用的面积。当柱截面尺寸较小时,相应的环流时间非常短促,故可以近似认为迎爆面上反射压力下降到环流压力，此时柱周围近似同时作用有相同的超压值，只需考虑冲击波动压作用。

（2）对于部分跨度大，柱网间距大的防倒塌棚架，如车道室外出入口处，查阅图集已满足不了实际要求，可采用计算确定柱子截面尺寸，当计算确定需要截面尺寸 600mm 以上的柱子时，可考虑减少柱距，降低倒塌棚架高度，以实现减小柱截面尺寸；或者改变出入口位置，不将坡道出入口作为人防主要出入口。

（3）根据北京理工大学爆炸科学实验室《爆炸荷载作用下混凝土柱表面压力载荷特征研究》论文给出的实验结果表明：截面宽度在 300mm 以内的柱，在立柱高度及厚度（柱侧面宽度）一定的情况下，随着柱截面加宽（迎波面宽度），柱受到的冲击波增量逐渐增大，受到的水平净荷载也相应加大；在柱高和截面宽度一定时，柱截面厚度加大对柱受到的水平净荷载影响较小。对于考虑各种因素后，必须存在大截面的柱子，结合实验结果，给出以下建议：首先试算是否能将柱截面调整为宽度小，厚度大的长方形柱，降低柱迎波面宽度对等效静荷载取值的影响，如果柱宽度仍无法减小，参照立柱所受水平净载随截面宽度增加而逐渐增大的规律，对大截面柱采取加大水平向等效静荷载（比如水平等效静荷载近似乘以放大系数取值）；其次由于大截面柱爆炸荷载在柱表面压力的实验数据不详，建议在柱构造上也要做一些加强，如在柱的配筋上采用四周等面积配筋、提高配箍率、加密箍筋等措施。

119. 防倒塌范围设置范围和宽度要求？

[问题补充]《人民防空地下室设计规范》GB 50038—2005 第 3.3.3 条中防倒塌范围是否是从室外出入口的防护密闭门开始计算？防倒塌范围内需要遮挡的最小宽度是否是不小于人防门洞的疏散宽度即可（如人防主要口通道防护密闭门宽度为 1500mm，6 级需要遮挡的范围为 5m，则 5m 范围内防倒塌板的最小宽度可为 1500mm）？

《人民防空地下室设计规范》GB 50038—2005 第 3.3.4 条明确：当出地面段设置在地面建筑倒塌范围以内时，应采取以下防堵塞措施：核 5 级、核 6 级、核 6B 级的甲类防空地下室，平时设有口部建筑时，应按防倒塌棚架设计；平时不宜设置口部建筑的，其通道出地面段的上方可采用防倒塌棚架设计，且其做法应符合本规范第 3.7 节的相关规定。条文中所指的防倒塌范围是从出地面段开始计算，出地面段是指出入口通道无顶盖位置，目的在于避免空袭后出入口遭堵塞，人员、物资无法进出人防工程。

从防护密闭门到无顶盖位置之间段算通道段，荷载取值按照《人民防空地下室设计规范》GB 50038—2005 第 4.7.11 条及第 4.8.6 条相关规定确定。

防倒塌范围内需要遮挡的最小宽度不应按人防门洞口宽度，要考虑倒塌物从防倒塌棚架侧边涌入时对通道造成的影响，取门前通道的宽度是通常的做法。

120. 主要出入口坡道紧靠主楼时，防倒塌棚架柱脚预埋件如何设置？

可以选择以下几种方案：

（1）紧靠主楼坡道侧，按照钢柱的位置及间距增加混凝土柱，在柱顶预埋预埋件。

（2）将紧靠主楼坡道侧墙体加厚，保证预埋件预埋。

（3）按照钢柱的位置及间距，在紧靠主楼坡道侧墙体或柱子上设计带杯口的牛腿，平时加以保护，战时在预留钢柱基础杯口内直接安装钢柱即可。

（4）在坡道板上埋设预埋件，但要注意埋设预埋件位置的坡道板要进行计算加强，并对预留地脚螺栓区域进行覆盖和保护。

（5）根据图集或设计计算的钢柱的间距，在设钢柱的位置的坡道板上预留盖预制板的孔洞。当坡道位于地基土上时，可在孔洞下方设置钢柱基础，预埋连接钢柱的预埋钢板；当坡道板为层间板时可在孔洞下方设置钢筋混凝土支撑柱或转换梁，并在其顶端预埋连接钢柱的预埋钢板。待预埋钢板施工完后，将预留的孔洞用预制盖板盖住，盖板四周缝隙做好防水密封处理，盖板上方可根据坡道的面层建筑做法设计施工，临战时，把预制盖板取开，便可以连接钢柱进行防倒塌棚架施工了。

第6章

结构构造要求

第 1 节　最小配筋率要求

121. 底板采用平板基础时最小配筋率要求?

[问题补充] 底板采用平板基础时最小配筋率是否要满足《人民防空地下室设计规范》GB 50038—2005 附录 D.3.1 条的规定。

（1）当底板采用平板基础时，反柱帽配筋可以参照《防空地下室设计荷载及结构构造》07FG01 第 69 页和人防工程设计规范要求，按反柱帽底层钢筋按最小配筋率不应小于 0.3% 进行设计；底板配筋按照《人民防空地下室设计规范》GB 50038—2005 第 4.11.7 条要求进行设计："受弯构件要求配筋率不小于 0.25%，对于核 5 级、核 6 级和核 6B 级甲类防空地下室结构底板，当其内力系由平时设计荷载控制时，板中受拉钢筋最小配筋率可适当降低，但不应小于 0.15%。"

对于底板配筋率可按以下几种情况分别考虑：

①对于甲类单建工程，底板按受弯构件考虑，钢筋配筋率均按不小于 0.25% 考虑；

②对于甲类附建式工程，底板按受弯构件考虑，一般按照钢筋配筋率不小于 0.25% 考虑，对于其内力系由平时设计荷载控制的可按不小于 0.15% 控制；

③对于乙类工程，底板不考虑人防荷载，内力系都是由平时设计荷载控制，均可按不小于 0.15% 控制。

（2）《人民防空地下室设计规范》GB 50038—2005 中附录 D 无梁楼盖设计要点主要来自早期清华大学陈肇元院士团队的一系列研究成果，后续的研究成果很少。其中的构造要求与无梁楼盖的破坏性爆炸试验成果相关：在远远大于设计荷载作用下，楼盖开裂破坏呈"豆腐块"大小分布，但没有坍塌，得益于"上下钢筋网通过拉结钢筋连接形成空间网架结构"。无梁楼盖主要针对顶板，底板局部破坏不会导致人防工程的坍塌。故附录 D 的规定仅适用于顶板，不适用于底板。

[例] 顶板配筋以通筋为主（如要求当相邻两支座的负弯矩相差较大时，可将负弯矩较大支座处的顶层钢筋局部截断，但被截断的钢筋截面面积不应超过顶层受力钢筋总截面面积的 1/3），主要是考虑通筋形成整体拉网，防止坍塌，而底板就不存在对

此防止坍塌的要求，所以反柱帽范围外的底板部分的配筋方式并不用执行此要求。

在概念上，平板基础属于筏板基础，可按倒楼盖借用无梁楼盖计算方法进行受力分析，但构造要求不应借用无梁楼盖，按普通底板的要求即可。

早期进行核效应试验的人防工程未设置底板，在核爆荷载作用下，室内地面出现局部隆起，但不影响使用；国外资料也未见因底板破坏导致人防工程坍塌的记载。上述结论已作为现行规范降低人防工程底板构造要求的依据。

122.独基底板配筋的最小配筋率问题？

[问题描述] 人防地下室区块内 C35 独基底板配筋的最小配筋率是按《人民防空地下室设计规范》GB 50038—2005 表 4.11.7 条注 5 执行还是按表中受弯构件 0.25% 控制？

此问题有两种理解，第一种理解是独基底板的最小配筋率（指一个构件，独基宽高比大于 1 的扩展基础），第二种理解是独基和底板最小配筋率（指两个问题）。

先说第一种理解。

首先明确一下独基底板。独基属于扩展基础范畴，扩展基础又分为无筋扩展基础和扩展基础（其区别在于有无配筋），但本质区别是无筋扩展基础是刚性的基础，冲切破坏线覆盖了整个独基，也就是说可以忽略弯曲变形，也就不需要受弯配筋，受力更接近墩基础，地基规范中也并未出现"底板"一词；而扩展基础一般是按照宽高比（柱边到独基边缘宽度 / 独基厚度）大于 1 和不大于 2.5 来控制独基尺寸，独基尺寸是大于冲切破环线覆盖范围的，也就是说会产生弯曲变形，需要进行受弯配筋，受力更接近板，地基规范中采用了"底板"一词，也就是问题所提到的独基"底板"。

关于独基底板在人防工程设计中的最小配筋率，也分两种情况：

（1）如果地基承载力很高，会出现独基的基础宽高比在 1 以内，这样实际上已进入无筋扩展基础的设计范畴，可以不作为受弯构件考虑，其最小配筋率的限制不在规范要求的受弯之列，而且这时不配筋都能满足要求，可按钢筋最小配筋率不小于 0.15% 执行。

（2）如果地基承载力一般，独基尺寸超出宽高比 1，也就相当于受弯构件，可以称之为"独基底板"。对于内力由平时荷载控制的甲类工程和乙类人防工程（基础可不考虑人防荷载），是可以按照《人民防空地下室设计规范》表 4.11.7 注 5 条文说明的要求；但对于内力由人防荷载控制的甲类工程，就不能执行《人民防空地下室设计规范》表 4.11.7 注 5，需要按表 4.11.7 内的受弯构件确定最小配筋率。

《人民防空地下室设计规范》表 4.11.7 注 5 要求的最小配筋率与《混凝土结构设计规范》GB 50010—2010 第 8.5.2 条和《建筑地基基础规范》GB 50007—2011 第 8.2.1 条的要求是一致的。扩展基础参照底板执行最小配筋率原因，可参见《建筑地基基础设计规范理解与应用》（2004 年 6 月版）P166 的说明，原文如下：

"我国钢筋混凝土构造各类构件的受拉钢筋最小配筋率与其他国家相比明显偏低。《混凝土结构设计规范》GBJ 10—1989虽没有明确扩展基础底板受拉钢筋的最小配筋率，但规定了'受力钢筋的最小直径不宜小于8mm，间距不宜小于200mm'，如果按计算截面有效高度为260mm进行推算，其最小配筋率仅为0.1%。

在国际上，苏联《工业建筑基础设计规程》规定独立基础底板受力钢筋的最小直径不小于10mm；美国ACI318规范关于独立基础受拉钢筋最小配筋率的取值，并没有按受弯构件的最小配筋率（$1.38/f_{yk}$）来处理，而是选用了等厚度板的温度和收缩最小配筋率0.2%（用于钢筋f_{yk}=275~345MPa）或0.18%（用于钢筋f_{yk}=415MPa）。尽管0.2%~0.18%最小配筋率只相当于受弯构件的一半。但仍具有大于混凝土出现裂缝时弯矩的1.1~1.5倍的承载力，足以防止因出现裂缝造成突然的破坏。

由于扩展基础底板的厚度一般都由受冲切或受剪切承载能力控制，并非按受弯承载能力确定，因此底板相对较厚，如果套用受弯构件的受拉钢筋最小配筋率将导致底板用钢量不必要的增加。借鉴《高层建筑箱形基础设计与施工规程》JGJ 6—1980、《高层建筑箱形与筏形基础技术规范》JGJ 6—1999中有关箱、筏基础底板钢筋配筋率不小于0.15%的要求。并按底板有效高度为260mm进行推算，受拉钢筋直径为10mm，钢筋间距为200mm。"

第二种理解，就要分别说一下独基和底板，独基在第一种理解已叙述，不再重复。仅说一下底板的最小配筋率。

独基所对应的底板为抗水底板。从受力上看，对于甲类人防工程，当底板在地下水位以下时，抗水底板的荷载值为水压和人防等效静荷载的组合值，内力是由人防荷载组合值控制，底板最小配筋率应执行《人民防空地下室设计规范》GB 50038—2005表4.11.7对受弯构件的要求，不能执行该表下注5降低配筋率的规定；当底板位于地下水位以上，并采取有效措施避免防水底板承担地基反力时，底板可不考虑等效静荷载，最小配筋率按照《混凝土结构设计规范》（2015年版）GB 50010—2010第8.5.1条执行。对于乙类工程，抗水底板不考虑人防荷载，内力组合是由平时荷载组合值控制,底板最小配筋率也可按照《混凝土结构设计规范》（2015年版）GB 50010—2010第8.5.1条执行。应该说明的是，抗水底板不属于卧置于地基土上的板，其受力特性有楼板的特性。

123. 桩基加防水板如何考虑底板最小配筋率？

[问题补充]桩基加防水板的模式是否可以认定为卧置于地基上的底板，按照0.15%控制最小配筋率？

"卧置于地基上底板"直观的理解是指底板平铺在地基土上，是压在地基土上。

按照《人民防空地下室设计规范》GB 50038—2005第4.11.7条的条文说明要求："由于卧置于地基上防空地下室底板在设计中既要满足平时作为整个建筑物基础的功能要求，又要满足战时作为防空地下室底板的防护要求，因此在上部建筑层数较多时，抗力级别 5 级及以下防空地下室底板设计往往由平时荷载起控制作用。"根据条文理解，底板是作为建筑物的基础的，底板按何种荷载（战时或平时荷载）设计，与建筑物层数的多少相关，这说明底板是要承担上部建筑物传下来的反力，是按照筏形基础考虑的；而对于底板为抗水底板，底板反力主要来源于水压而非主楼重量产生的地基反力，所以抗水板是不能认定为卧置于地基上的底板。

对于桩基 + 防水板（或独基加抗水底板）模式，无论底板板下是否设置了软垫层，底板和地基土都只是接触关系，荷载并不是以建筑物产生的地基土反力为主，所以也不能认为底板是卧置于地基上的。甚至有的桩间土，随着时间的推移，会有不同程度的下沉，出现底板和土层脱离的情况，更谈不上卧置于地基上。

所以，桩基加防水板不可以认定为卧置于地基上的底板，最小配筋率等不能按照 0.15% 控制，应满足《人民防空地下室设计规范》GB 50038—2005 表 4.11.7 的要求。

124. 主楼筏板较厚在人防区外挑部分需要满足人防配筋要求吗？

[问题补充] 主楼筏板外挑部分（主楼并非人防区域）配筋是否需要满足人防最小配筋率要求？是否需要设置拉结筋？

主楼筏板外挑部分位于人防区域且筏板厚度为 500mm，有的 1000mm 以上，而主楼为非人防区域，多地防办提出质疑并要求主楼筏板外挑部位满足人防最小配筋率要求。

主楼筏板外挑部分位于人防区域其配筋应按以下情况考虑：

（1）当截面内力由人防荷载控制时，筏板最小配筋率需要满足人防最小配筋率要求，且应设置拉结筋；

（2）当截面内力由平时荷载控制，且筏板最小配筋率超过《人民防空地下室设计规范》GB 50038—2005 表 4.11.7 时，应设置拉结筋；

（3）当截面内力由平时荷载控制，且筏板最小配筋率小于《人民防空地下室设计规范》GB 50038—2005 表 4.11.7 时，可不设置拉结筋。

125. 人防区域内的主楼剪力墙是否满足要人防构造配筋要求？

[问题补充] 部分审图机构要求完全位于人防区域内的主楼边缘构件及内墙（纯平时使用墙体，与人防无关）满足人防最小配筋率，是否合理？

完全位于防空地下室内的主楼边缘构件及内墙，不承受人防水平荷载作用，但承受人防顶板传来的荷载，属于受压构件，须满足《人民防空地下室设计规范》GB 50038—2005 第 4.11.7 条中的受压构件最小配筋率要求。

126. 不受冲击波作用的人防密闭墙体，如何确定最小配筋率？

[问题补充] 关于不受水平力作用的密闭墙的最小配筋率的问题：根据《人民防空地下室设计规范》GB 50038—2005 第 4.11.7 条，滤毒室及密闭通道、防毒通道内与清洁区分隔的钢筋混凝土墙体，适用于哪种构件最小配筋率？当这些墙体上部还有框架梁受力，理论上这些墙体既不承受水平力，也不承受竖向力，适用哪种构件最小配筋率（个人认为即使 0.20% 也偏大）？

滤毒室及密闭通道、防毒通道内与清洁区分隔的钢筋混凝土墙体的构件最小配筋率，除了位于密闭通道、防毒通道人防门所在的门框墙配筋宜按防护密闭门的构造要求外，其余不承受水平力作用的密闭墙的最小配筋率宜按受压构件的全部纵向钢筋最小配筋率来控制。

127. 按单向板计算的人防外墙水平钢筋还要满足最小配筋率要求吗？

[问题补充] 人防外墙，简化为竖向单向板计算时，水平钢筋还要满足最小配筋率要求吗？

人防工程外墙、临空墙及防护单元隔墙等构件结构计算，根据墙体的布置和基本假定，将两个方向都要承受武器冲击波土中压缩波作用的压弯构件，简化为仅纵向受力且不考虑轴力作用的单一方向的纯弯构件来进行结构计算，如果墙体水平向较长，可以满足单向板的条件，水平筋可以认为是分布筋，这时为防止混凝土收缩应力及温度变化应力导致裂缝开展，每侧的水平钢筋配筋一般控制在 0.2%~0.25% 为宜；如果墙体的两侧有柱或有墙支撑，不能满足单向板条件，只是人为地按单向板计算，实际上水平方向也存在弯矩分配，墙体水平方向的钢筋，不仅承担着钢筋分布筋的作用，也承担着水平方向受力筋的作用，为安全起见，水平钢筋宜满足防护结构最小配筋率的要求。

128. 活门门框墙体较厚时是否需满足人防最小配筋率？

[问题补充] 活门门框墙因建筑构造的原因，墙较厚，是否应按照厚度确定最小配筋率，还是可以按《混凝土结构设计规范》（2015 年版）GB 50010—2010 第 8.5.3 条确定配筋率？

在实际工程审查中，经常会遇到这一问题，因活门墙过厚，造成这一部位按人防最小配筋率不能满足人防规范强制性条文要求，设计人员应重点关注这一部位。

一般情况下人防工程活门门框墙都处于第一道防护密闭门之外的临空墙上，或在与单独布置的通风竖井相连的进排风（排烟）扩散室的临空墙上，活门门框墙需要承受的是临空墙的等效静荷载，活门门框墙并不是结构中次要的钢筋混凝土压弯构件，而是人防工程中的主要结构受力构件，不应按《混凝土结构设计规范》（2015

年版）GB 50010—2010 第 8.5.3 条确定配筋率。

　　如果在设计中活门门框墙根部是按照实际墙厚度（如 700mm）计算确定配筋，应作为一般人防受弯构件考虑，最小配筋率需要满足《人民防空地下室设计规范》GB 50038—2005 表 4.11.7 的要求；如果活门门框墙根部是按照内口临空墙厚度（如 300mm）计算确定配筋，加厚部分仅是为满足防止空气冲击波侧向进入及悬板活门受冲击波作用迅速关闭的需要，可以将此配筋用于实际墙厚配筋，并保证按实际墙厚的最小配筋率不小于《混凝土结构设计规范》（2015 年版）GB 50010—2010 的规定。

　　为满足防止空气冲击波侧向进入及悬板活门受冲击波作用迅速关闭的需要，加厚活门洞口周边墙厚的方式可采用多种形式，如在活门外侧周圈增加钢筋混凝土挡墙、挡梁等，所以在工程中，建筑专业应与结构专业配合，以经济实用的方式解决加厚墙体问题。

129. 当防护隔墙按单向板计算时，水平筋满足最小配筋率要求吗？

　　[问题补充] 当隔墙或临空墙的长高比大于 3，按单向板计算配筋时，单向板与受力方向垂直方向布置的构造钢筋的配筋率是否还需要满足《人民防空地下室设计规范》GB 50038—2005 第 4.11.7 条最小配筋率的要求？

　　当隔墙或临空墙的长高比大于 3，按单向板计算时，与受力方向垂直的钢筋是构造钢筋，不是受力钢筋，不必强求满足最小配筋率的要求，但应满足《混凝土结构设计规范》（2015 年版）GB 50010—2010 第 9.1.7 条规定。该条规定主要有"按单向板设计时，应在垂直于受力的方向布置分布钢筋，单位宽度上的配筋不宜小于单位宽度上的受力钢筋的 15%，且配筋率不宜小于 0.15%……"，可以按此规定配置分布钢筋。应该说明的是：如果外墙或者隔墙、临空墙长度较长，混凝土墙浇捣后在凝固、硬化过程中会收缩，墙体会产生收缩裂缝，除要求施工时加强养护外，经常会把分布钢筋的含钢率适当提高，对减少收缩裂缝有较好的效果。另外在实际工程中一般都会利用隔墙或临空墙柱分割形成弱支撑，真正满足单向板条件的较少，常见的也是按 0.25% 配筋率配筋。

130. 与主楼高强度混凝土剪力墙重合的人防墙配筋率问题？

　　[问题补充] 防空地下室内主楼剪力墙的混凝土等级较高（如 C60），厚度较大，仅一小段与剪力墙重合的人防墙配筋率是否有必要按《人民防空地下室设计规范》GB 50038—2005 第 4.11.7 条满足最小配筋率 0.35% 的要求，人防工程要求各构件抗力相协调，是否满足计算要求即可？

　　此问题在具体设计中经常会遇到，如图 6-1 所示。

　　根据《人民防空地下室设计规范》GB 50038—2005 第 4.11.7 条：承受动荷载的钢筋混凝土结构构件，纵向受力钢筋的配筋百分率不应小于表 6-1 规定的数值。

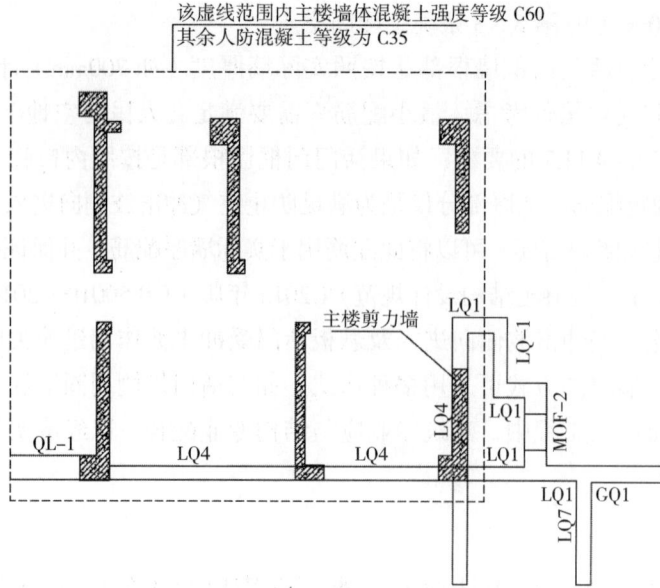

图 6-1　剪力墙与临空墙重合图

纵向受力钢筋的最小配筋率（%）　　　　　　　　　　表 6-1

分类	混凝土强度等级		
	C25~C35	C40~C55	C60~C80
受压构件的全部纵向钢筋	0.6（0.4）	0.6（0.4）	0.7（0.4）
偏心受压及偏心受拉构件一侧的受压钢筋	0.2	0.2	0.2
受弯构件、偏心受压及偏心受拉构件一侧的受拉钢筋	0.25	0.30	0.35

注:

1. 受压构件的全部纵向钢筋最小配筋率，当采用 HRB400 级、RRB400 级钢筋时，应按表中规定减小 0.1；

2. 当为墙体时，受压构件的全部纵向钢筋最小配筋百分率采用括号内值；

3. 受压构件的受压钢筋以及偏心受压、小偏心受拉构件的受拉钢筋的最小配筋百分率按构件的全截面面积计算，受弯构件、大偏心受拉构件的受拉钢筋的最小配筋百分率按全截面面积扣除位于受压边或受拉较小边翼缘面积后的截面面积计算；

4. 受弯构件、偏心受压及偏心受拉构件一侧的受拉钢筋的最小配筋百分率不适用于 HPB235 级钢筋。当采用 HPB235 级钢筋时，应符合《混凝土结构设计规范》（2015 年版）GB 50010—2010 中有关规定；

5. 对卧置于地基上的核 5 级、核 6 级和核 6B 级甲类防空地下室底板，当其内力系由平时设计荷载控制时，板中受拉钢筋最小配筋率可适当降低，但不应小于 0.15%。

　　从表 6-1 可查出，C60 的混凝土构件受拉钢筋的最小配筋率为 0.35%，对于主楼剪力墙多为偏心受压构件，如剪力墙与临空墙或单元隔墙重合，墙体将承担人防水平向等效静荷载，更加大墙体的偏心率，故其受拉一侧的最小配筋率应满足规范要求。此规范条文属于强条，应该严格执行。对此规范中的条文解释如下：

　　第 4.11.7 条由于《混凝土结构设计规范》（2015 年版）GB 50010—2010 在构造要求中提高了纵向受力钢筋最小配筋百分率，为与其相适应，表 4.11.7 进行了调整。其中 C40~C80 受拉钢筋最小配筋百分率系按《混凝土结构设计规范》（2015 年版）GB 50010—2010 中有关公式计算后取整给出，如表 6-2 所示。

受拉钢筋最小配筋百分率计算表　　　　表 6-2

混凝土强度等级	C40	C45	C50	C55	C60	C65	C70	C75	C80
HRB335 级	0.29	0.30	0.32	0.33	0.34	0.35	0.36	0.36	0.37
HRB400 级	0.27	0.28	0.30	0.31	0.32	0.33	0.33	0.34	0.35
平均值	0.28	0.29	0.31	0.32	0.33	0.34	0.35	0.35	0.36
取值	0.3				0.35				

由于防空地下室结构构件的截面尺寸通常较大，纵向受力钢筋很少采用 HPB235 级钢筋，故上表计算未予考虑。当采用 HPB235 级钢筋时，受弯构件、偏心受压及偏心受拉构件一侧的受拉钢筋的最小配筋百分率应符合《混凝土结构设计规范》（2015 年版）GB 50010—2010 中有关规定。

131. 人防区域内主楼下剪力墙墙肢配筋率可否适当降低？

[问题描述] 大底盘地下室，常遇见人防区域布置在主楼（高层）范围内，高层墙肢多混凝土强度高（大于 C35），除口部和防护单元隔墙外，大多是内墙不承受水平人防荷载，在满足上部平战荷载前提下，墙肢配筋率是否按《混凝土结构设计规范》GB 50010—2010（2015 年版）执行？墙肢内力控制往往由平时荷载控制，楼层较高时，平时上部荷载大于战时人防顶板传来荷载，墙肢延性能得到保障，配筋率是否可以不再强制要求满足《人民防空地下室设计规范》GB 50038—2005 第 4.11.7 条要求？

按照《人民防空地下室设计规范》GB 50038—2005 第 4.1.4 条，要求人防结构构件的各个部位抗力要相协调。

抗力相协调要考虑结构各部位的"荷载值不同、破坏形态不同、安全储备不同"等因素。作为主楼内剪力墙墙肢，虽不直接承受水平人防荷载，但间接承受由顶板传来的人防荷载，作为防空地下室的竖向支撑构件，是避免倒塌的重要部分，应该和防空地下室的临空墙、单元隔墙、柱子等竖向构件有同等的安全储备，而最小配筋率是安全储备的最基本保障，所以防空地下室内主楼内剪力墙肢配筋率应满足人防构造要求。

132. 乙类防空地下室对不考虑人防荷载的临空墙最小配筋率如何要求？

[问题描述] 乙类防空地下室临空墙不考虑人防荷载，在混凝土强度大于 C35 的情况下是否按照高标号混凝土对临空墙的最小配筋率（大于 0.25%）进行设计？

不考虑人防荷载需要满足人防构造要求，在《人民防空地下室设计规范》GB 50038—2005 第 4.7.7 条第 2 款，明确要求要满足人防构造要求。

对于规范上不考虑人防荷载，是指不考虑水平冲击波荷载，不包括顶板传来的向下的等效静荷载，所以墙体仍是受压构件，存在偏心受压和轴心受压两种状态，该规范第 4.11.7 条表 4.11.7 对这些状态分别给出了最小配筋率，一定要满足。

133. 防空地下室顶板错层梁，梁箍筋是否要满足受弯构件最小配筋率？

[**问题描述**] 防空地下室顶板高差位置处的梁，梁侧面会承受侧向水平荷载的作用，梁箍筋与腰筋是否需要满足受弯构件最小配筋率？

位于防空地下室顶板高差处的梁属于复合受力状态，既要考虑竖向荷载作用，也要考虑水平向荷载作用；在水平荷载作用下，应满足规范的人防墙体配筋构造要求，特别是高差较大时的梁，往往梁箍筋不能满足作为人防墙体受力筋的最小配筋率的要求，由于此条涉及强制性条文，应在设计中引起重视。

第 2 节　拉结筋的构造要求

134. 拉结筋当加大直径时，间距能大于 500mm 吗？

[**问题描述**] 具体工程如顶板采用空心楼板，由于空腔内箱体尺寸大于 500mm，无法按《人民防空地下室设计规范》GB 50038—2005 第 4.11.11 条设置间距不大于 500mm 的拉结筋，可否通过加大拉结筋的直径适当放宽对拉结筋间距不大于 500mm 的要求？如必须满足箍筋间距不大于 500mm 的要求，空心楼板可采用何种措施设计？

对于一般双层钢筋网受弯构件，拉结筋的主要作用从受力上来说可以发挥抗剪、抗冲切的作用；从构造上说可以发挥协调双层钢筋网变形的作用，保证振动环境中钢筋与受压区混凝土共同工作，从而使上下钢筋网通过拉结钢筋连接形成空间网架，使结构不致坍塌或延缓坍塌时间。

控制 500mm 梅花形拉筋的间距应该是以控制局部区域内被拉结钢筋网的变形量不致过大为目的，控制拉筋直径不小于 $\phi6$ 应该是与拉筋间距控制是协调的，这样就可保证一般情况下 $\phi6$ 钢筋强度和变形时能够承受住 500mm 内的钢筋网局部变形所带来的影响的。

所以控制拉筋直径不小于 $\phi6$、间距不大于 500mm 梅花形拉结是两个控制指标，各有各的用途。在构造设置拉筋的情况下，加大拉筋直径或增加拉筋间距，会导致拉筋强度富裕过大或钢筋网局部变形控制不足的情形。

对于空心楼盖，拉结筋的作用与一般双层钢筋网受弯构件是相同的。但由于其本身刚度就低于同厚度的实心板，在构造上更应该加强一些，是不能低于实心板的构造要求。空心楼板拉筋问题分述如下：

（1）对于密肋楼板（单面外露填充体空心板），由于实心板均位于板上层，拉结筋设置是可以做到满足人防规范要求的；

（2）对于内置填充体的空心板，由于其空心块体的存在，拉筋只能布置在肋梁内，确实做不到满足人防拉筋构造要求（最主要是做不到板的梅花形拉筋布置形式），说明这种楼板形式在人防荷载的作用下并不是一个较优的结构形式。如果一定要采用这种楼盖形式就要进行一些结构构造的加强措施，使之最大程度满足人防构造要求。

目前采用的主要措施为：

（1）箱体间肋梁采用单肢箍时，箱体尺寸控制在 400~450mm；

（2）采用双肢箍肋梁时箱体尺寸按不大于 500mm 控制；

（3）在肋梁内的拉筋或箍筋适当加密或加大拉筋直径，增加肋梁的上下两层板的变形协调能力，弥补梅花形拉筋布置中部分拉筋缺失或间距过大所带来的不利影响。

135. 人防工程的梅花形拉结筋是否可采用斜拉？

[问题描述] 人防工程结构构件所采用的梅花形拉结筋是否可采用斜拉？采用斜拉会不会导致板变形后，由于斜拉筋斜向长度大于垂直长度，拉筋真正发挥作用时其实双层钢筋网也发生超出板厚的过大变形而不能充分发挥作用？

梅花形拉结筋不可采用斜拉。设计时应使墙、板两侧钢筋间距与拉结筋间距模数一致，保证梅花形拉结筋能垂直设置。

136. 底板截面配筋由平时荷载控制，是否可不设拉结筋？

[问题描述] 卧置于地基上的人防工程底板截面内力由平时设计荷载控制，受拉主筋配筋率小于规范规定，是否需设置拉结筋？

《人民防空地下室设计规范》GB 50038—2005 第 4.11.11 条中规定："除截面内力由平时设计荷载控制，且受拉主筋配筋率小于表 4.11.7 规定的卧置于地基上的核 5 级、核 6 级、核 6B 级甲类防空地下室和乙类防空地下室结构底板外，双面配筋的钢筋混凝土板、墙体应设置梅花形排列的拉结钢筋，拉结钢筋长度应能拉住最外层受力钢筋。"

双面配筋的钢筋混凝土顶、底板及墙板，为保证振动环境中钢筋与受压区混凝土共同工作，在上、下层或内、外层钢筋之间设置一定数量的拉结筋是必要的。考虑到低抗力级别防空地下室卧置地基上底板，若其截面设计由平时荷载控制，且其受拉钢筋配筋率小于《人民防空地下室设计规范》GB 50038—2005 表 4.11.7 内规定的数值时，基本上已属于素混凝土工作范围，因此提出此时可不设置拉结筋。但对截面设计虽由平时荷载控制，其受拉钢筋配筋率不小于表 4.11.7 内数值的底板，仍需按本条规定设置拉结筋。

137. 乙类人防工程基础底板是否按人防要求设置拉筋？

《人民防空地下室设计规范》GB 50038—2005 第 4.11.11 条已明确两类基础底板不需设置拉结筋。

第1类："截面内力由平时设计荷载控制，且受拉主筋配筋率小于表4.11.7规定的卧置于地基上的核5级、核6级、核6B级甲类防空地下室。"

第2类：乙类防空地下室结构底板。

所以乙类工程不用设置拉结钢筋。

第4.11.11条文说明也对设置拉结筋的作用做了相关说明，需要注意的是说明的几个关键点："双面配筋、振动环境、共同工作。"只有同时满足这些关键点，设置拉结筋才有意义，而对于抗力级别为五级和六级的乙类工程，根据规范4.7.4条底板可以不考虑常规武器地面爆炸作用，故振动也可不考虑，所以可以不设置拉结筋。

138. 甲类工程地下水位以上独立基础加防水板是否按需设置拉结筋？

[问题补充]《防空地下室结构设计手册》RFJ 04—2015第一册第124页，当基础位于地下水位以上时，可不加防水底板直接采用条形基础和柱下独立基础，如建筑需求加防水底板，此底板可不考虑核爆动力荷载的作用。对于基础形式为独立基础加防水板，当没有地下水时，防水板是否可不设置设拉筋？

当基础位于地下水位以上，采用独立基础时，理论上不需设置防水板，即使设置了防水底板，由于不计入压缩波从侧面绕射到底板的荷载值，且战时荷载组合产生的地基反力全部由独立基础承担，此底板也可不考虑核爆炸动荷载的作用，底板按平时荷载控制进行设计。当配筋率小于《人民防空地下室设计规范》GB 50038—2005表4.11.7规定时，是可以不设置拉结筋的。

对于设计中考虑抗水底板承受地基反力的设计模型，从概念上讲不清晰，取多少地基反力也不好确定，是参照《人民防空地下室设计规范》GB 50038—2005第4.11.15条文说明取20%~30%，还是其他取值方式，需要经验确定。对于此类情形的荷载取值，《人民防空地下室设计规范》GB 50038—2005第4.11.15条和第4.11.16条荷载取值可以作为参考，底板拉结筋也是需要设置的。

139. 甲类人防底板由平时工况控制配筋时，需要设置拉筋吗？

[问题补充]甲类人防底板内力由平时工况控制，且计算所需配筋的配筋率大于0.15%，小于0.25%，请问这个筏板基础需要设置拉筋吗？

拉筋的作用除了保证振动环境中钢筋与受压区混凝土共同工作外，还在于：当实际作用在结构上的荷载远远大于设计荷载时，结构构件虽然开裂破坏，但结构不致坍塌或坍塌时间延缓，这得益于"上下钢筋网通过拉结钢筋连接形成空间网架结构"，在顶板中设置拉筋比在底板中更为重要。另外，核效应试验表明，在核爆冲击波作用下，无底板地面出现局部隆起，但不影响使用。基于以上原因，规范对底板的拉筋设置要求适当放宽。

《人民防空地下室设计规范》GB 50038—2005 第 4.11.11 条条文解释："双面配筋的钢筋混凝土顶、底板及墙板，为保证震动环境中钢筋与受压区混凝土共同工作，在上、下层或内、外层钢筋之间设置一定数量的拉结筋是必要的。考虑到低抗力级别防空地下室卧置地基上底板若其截面设计由平时荷载控制，且其受拉钢筋配筋率小于规范中表 4.11.7（钢筋混凝土结构构件纵向受力钢筋的最小配筋百分率）规定的数值时，基本上已属于素混凝土工作范围，因此提出此时可不设置拉结筋。但对截面设计虽由平时荷载控制，其受拉钢筋配筋率不小于表 4.11.7 内数值的底板，仍需按本条规定设置拉结筋。"

对于卧置地基上的人防底板，按照表 4.11.7 规定，当混凝土强度等级为 C25~C35 时，受弯构件、偏心受压及偏心受拉构件一侧的受拉钢筋最小配筋率为 0.25%，当混凝土强度等级提高时，该最小配筋百分率随之提高。

对于卧置地基上的人防底板内力由平时荷载控制，其一侧受拉钢筋的配筋率小于 0.25%，即小于表 4.11.7 内数值，此时，可以不配置拉结筋。

140. 乙类防空地下室结构底板不需设置拉结筋条件是什么？

[问题补充]《人民防空地下室设计规范》GB 50038—2005 第 4.11.11 条，乙类防空地下室结构底板不需设置拉结筋，此处底板是指筏板还是防水板？

由于常规武器作用下，结构底板设计可不考虑地面爆炸作用，结构底板受力可按平时荷载确定其厚度及配筋，满足民用建筑相关规范即可。故对于乙类防空地下室结构底板，不论什么结构形式，都不需按人防规范要求设置拉结筋。

第 3 节　保护层和锚固要求

141. 防空地下室外墙混凝土保护层厚度应按哪本规范取值？

[问题补充] 关于防空地下室外墙和顶板的混凝土保护层厚度，GB 50038、GB 50134 和 GB 50108 表述不一致，如何把握？

三本规范对保护层要求的矛盾主要是来自有防水要求的构件。

（1）按照《人民防空地下室设计规范》GB 50038—2005 第 4.11.5 条，规定外墙外侧直接迎水，保护层厚度为 40mm，设防水层保护层厚度为 30mm，有垫层基础保护层厚度为 40mm，对于顶板迎水面保护层厚度并未作规定；另外按照本规范第 3.8.2 条要求"防空地下室的防水设计不应低于《地下工程防水技术规范》GB 50108—2008 规定的防水等级的二级标准"。

（2）按照《地下工程防水技术规范》GB 50108—2008 第 3.3.1 条二级防水要求，防水混凝土必选，另外还要增加一层附加防水层。按本规范第 4.1.7 条第 3 款要求，"迎水面钢筋保护层厚度不应小于 50mm"。注意该处保护层 50mm 是对于所有迎水面的要求，应包括顶板、外墙、底板，而且未区分是否有附加防水层的情况。

（3）《人防工程施工及验收规范》GB 50134—2004 第 6.3.9 条，"在高湿度环境下，不宜小于 45mm"（条文解释：高湿度环境包括水库、工程处于饱和土中等情况）。该处也是所有处于高湿度环境下构件的统一要求，同样也包括顶板、外墙、底板，也是在未区分是否有附加防水层的情况。

虽然这三本同样都是国标，但对有防水要求构件保护层厚度要求的侧重点是不同的，《人民防空地下室设计规范》GB 50038—2005 主要用于规范设计，侧重于具体化和全面化；《人防工程施工及验收规范》GB 50134—2004 主要是用于指导施工和验收，给出的是最小原则性的指导厚度；而《地下工程防水技术规范》GB 50108—2008 是属于专业规范，综合考虑了在防水要求下，构件保护层厚度的最合理情形。所以对于有防水要求构件的保护层厚度应该以防水规范为主。而且在《地下工程防水技术规范》GB 50108—2008 也在第 4.1.7 条的条文解释中也对为何迎水面保护层厚度取 50mm 而不取 40mm 做出了具体解释，主要是考虑到施工误差和与国际接轨。

142. 为什么人防工程构件钢筋保护层厚度比民用混凝土规范要求高？

[**问题补充**] 如何理解人防构件的保护层厚度比民用混凝土规范的要求高？比如二 a 类环境下混凝土规范梁柱要求为 25，而人防规范最小为 30？

人防保护层与民用混凝土规范的差异主要来自于混凝土规范对保护层定义的修改。因《人民防空地下室设计规范》GB 50038—2005 编制较早，要求是与《混凝土结构设计规范》GB 50010—2002 是一致的，导致与现行《混凝土结构设计规范》（2015年版）GB 50010—2010 不同。具体叙述如下：

按照《混凝土结构设计规范》GB 50010—2002 第 9.2.1 条要求，其保护层厚度指的是"钢筋外边缘至混凝土表面的距离，如表 6-3 所示。

纵向受力钢筋的混凝土保护层最小厚度（mm）   表 6-3

35		板、墙、壳			梁			柱		
		≤ C20	C20~C45	≥ C50	≤ C20	C20~C45	≥ C50	≤ C20	C20~C45	≥ C50
一		20	15	15	30	25	25	30	30	30
二	a	—	20	20	—	30	30	—	30	30
	b	—	25	20	—	35	30	—	35	30
三		—	30	25	—	40	35	—	40	35

注：基础中纵向受力钢筋的混凝土保护层厚度不应小于 40mm；当无垫层时不应小于 70mm。

按照《人民防空地下室设计规范》GB 50038—2005 第 4.11.5 条"防空地下室钢筋混凝土结构的纵向受力钢筋，其混凝土保护层厚度（钢筋外边缘至混凝土表面的距离）不应小于钢筋的公称直径，且应符合表 6-4 规定"。

纵向受力钢筋的混凝土保护层厚度（mm）　　表 6-4

外墙外侧		外墙内侧、内墙	板	梁	柱
直接防水	设防水层				
40	30	20	20	30	30

《混凝土结构设计规范》（2015 年版）GB 50010—2010 第 8.2.1 条要求"设计使用年限为 50 年的混凝土结构，最外层钢筋的保护层厚度应符合表 6-5 的规定"。

混凝土保护层的最小厚度（cm）　　表 6-5

环境类别	板、墙、壳	梁、柱、杆
一	15	20
二 a	20	25
二 b	25	35
三 a	30	40
三 b	40	50

对比《混凝土结构设计规范》GB 50010—2002 和《人民防空地下室设计规范》GB 50038—2005，混凝土保护层厚度的定义是一致的，均为"钢筋外边缘至混凝土表面的距离"（这里的钢筋外边缘均是指纵向受力钢筋外边缘）；内部构件保护层厚度在二 a 类环境下也是一致的（外墙外侧保护层是结合了地下室防水规范，在此不做论述）。

再结合新版《混凝土结构设计规范》（2015 年版）GB 50010—2010，保护层厚度定义改为"最外层钢筋的保护层厚度"（这里最外层钢筋根据第 8.2.1 条文说明定义为"包括箍筋、构造筋、分布筋等的外缘"）。规范的更新使最外层钢筋定义差了一个钢筋直径，也就导致了保护层的差异。在做设计时应该比较按《人民防空地下室设计规范》GB 50038—2005 和《混凝土结构设计规范》（2015 年版）GB 50010—2010 在不同的环境类别下对保护层厚度要求，选取要求较高者，并应在图纸中以表格或文字形式明确施工应采用的保护层厚度。

143. 请问人防受力钢筋锚固长度要求？

[问题补充] 当框架梁兼做战时封堵门框墙上挡墙时，考虑到抗震构造措施的要求，框架梁箍筋做成封闭箍，如何兼顾 l_{aF} 的规范要求？

封堵大门上挡墙也是连梁，除了受竖向荷载作用外，水平向受力还需满足计算要求，此时作为连梁的最外侧箍筋应按门框墙受力钢筋设计并画出大样，钢筋在顶板的锚固长度应满足人防 l_{aF} 的要求，如果不能满足锚固长度要求，应考虑采取增加板厚、增加弯钩长度等措施。

144. 请问人防墙体竖向钢筋末端锚固要求?

[问题补充] 人防墙体竖向钢筋末端锚固弯折是应分别抱住底板下排筋和顶板上排筋,还是分别伸至筏板下排筋和顶板上排筋的内侧即做弯折,门框墙两侧竖向钢筋末端锚固位置是否与临空墙和单元间隔墙相同,外墙竖向钢筋末端锚固位置图集表达都不是很明确。

(1)人防墙体竖向钢筋末端锚固做法可按《防空地下室设计荷载及结构构造》07FG01 要求设计,人防内、外墙的连接构造详图如图 6-2 所示,临空墙竖向钢筋构造详图如图 6-3 所示,相邻单元间隔墙构造详图如图 6-4 所示;竖向钢筋应分别在底板下排筋和顶板上排筋的外侧弯锚,当下端为筏板时应分别伸至筏板下排筋和顶板上排筋的外侧弯折,人防外墙是与此相同。

(2)门框墙两侧竖向钢筋末端锚固位置与做法应与临空墙相同,门框墙钢筋的锚固做法详见图集《钢筋混凝土门框墙》07FG04 大样。

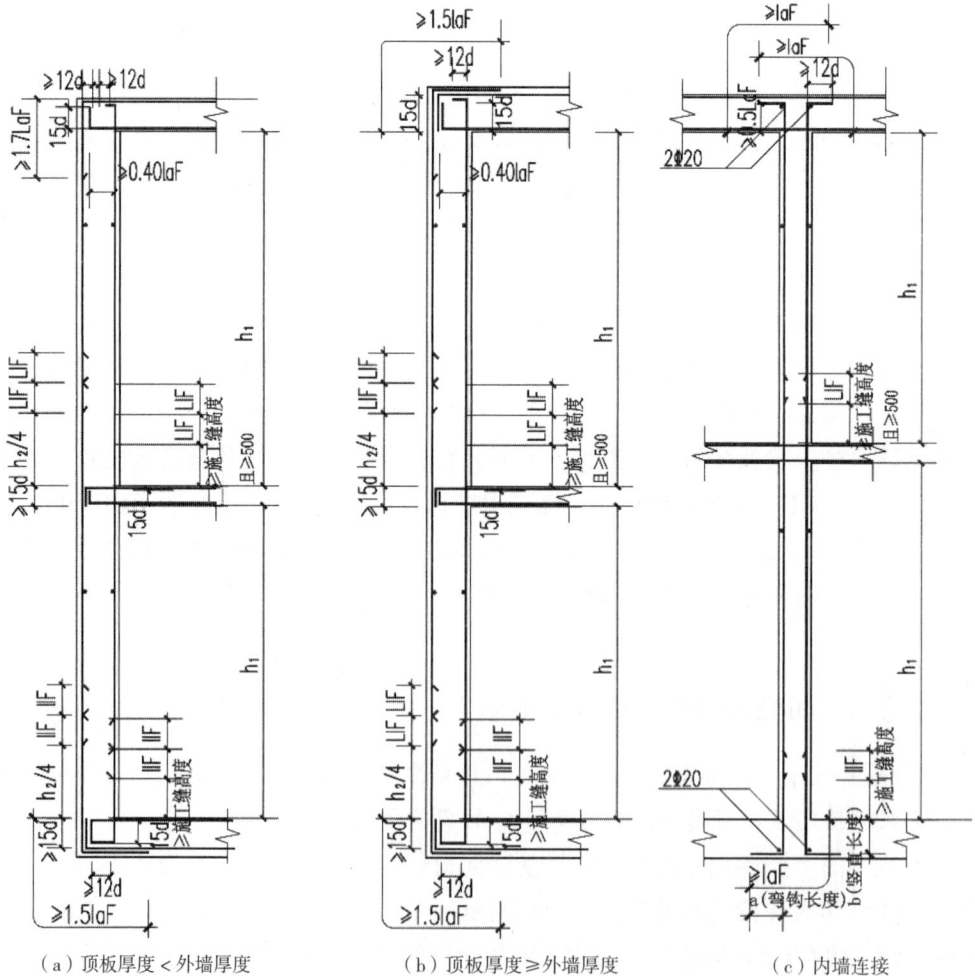

(a)顶板厚度<外墙厚度   (b)顶板厚度≥外墙厚度   (c)内墙连接

图 6-2 外墙、内墙与顶板、楼板和底板的连接图

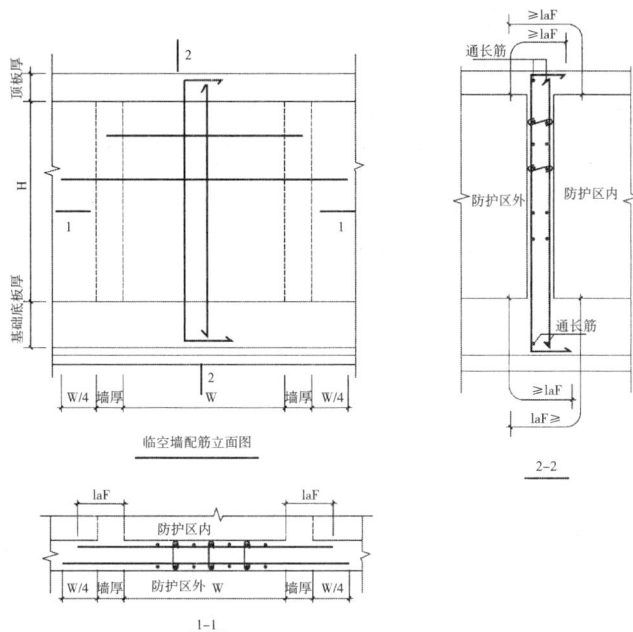

图 6-3　临空墙配筋图

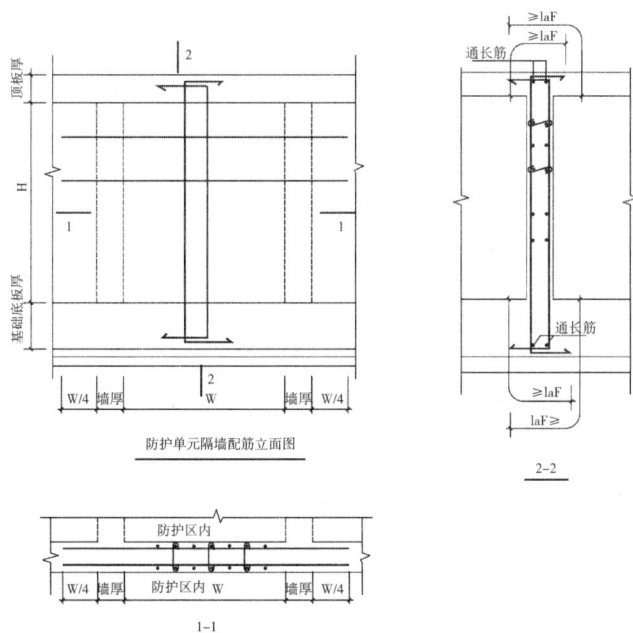

图 6-4　防护单元隔墙配筋图

145. 请问人防墙竖向钢筋末端锚固弯折方向？

[**问题补充**] 人防工程的防护密闭墙，密闭墙竖向钢筋在顶板和底板的锚固弯折一定要采用对抱互扣形式吗？

当人防外墙与顶板、楼板和底板连接时，竖向钢筋末端锚固弯折方向指向顶板、楼板和底板。当人防内墙与顶板、楼板和底板连接时，单侧竖向钢筋末端锚固弯折方向指向相邻顶板、楼板和底板。当人防临空墙与顶板、楼板和底板连接时，紧邻防护区内一侧竖向钢筋末端锚固弯折方向指向防护区外顶板、楼板和底板，而紧邻防护区外一侧竖向钢筋末端锚固弯折方向指向防护区内顶板、楼板和底板。目的是将钢筋均互锚在钢筋混凝土结构构件内，防止钢筋混凝土结构构件在人防动载作用下失效。人防墙竖向钢筋末端锚固弯折方向的具体做法见《防空地下室设计荷载及结构构造》07FG01 中第 58~62 页。此外，人防墙竖向钢筋构造要求尚应符合《人民防空地下室设计规范》GB 50038—2005 第 4.11 节的相关规定。

146. 在顶板或中板预埋人防专用吊环，其直锚长度是否需满足 ≥ 20d 要求？

[问题描述] 第五版《混凝土结构构造手册》中预埋吊环的直锚长度要求 ≥ 20d，且 Q235B 圆钢的直径不大于 25mm。顶板或中板预埋吊环是否既要满足锚固长度 l_{aF} 也要满足直锚要求。《混凝土结构设计规范》(2015 年版) GB 50010—2010 对于 Q235B 圆钢吊环的直锚长度没有要求。

构造手册的吊环更偏重于不间断使用，考虑抗震，如果失效会对悬吊物或周围人或物的造成影响；而人防的吊环只是在装门或维修时才用到，属于临时构件，直段可以不按 20d 执行，但需焊接或绑扎在顶板或梁的上层钢筋骨架上且总长度要满足 l_{aF} 要求。

147. 临空墙或门框墙紧邻坡道或楼梯间时，竖向受力钢筋的锚固形式？

[问题描述] 当临空墙或门框墙紧邻坡道或楼梯间时，会出现内侧竖向钢筋在支座处向外锚固时，锚固长度大于墙厚的情况如何处理，是否可采用直线锚固形式，直接沿着临空墙向上锚固，并满足 l_{aF} 的要求？

这种情况很常见，坡道（楼梯间）相邻的临空墙或门框墙内侧竖向钢筋在楼层板处锚固，由于外侧楼板的缺失，造成墙体内侧竖向钢筋不能往外（没有楼板方向）弯折锚固，这种情况可以参照《防空地下室设计荷载及结构构造》07FG01 第 58 页大样 a、b 的内侧筋在顶底板中的做法；如果临空墙或门框墙上方有钢筋混凝土墙体，也可以将墙体内侧竖向钢筋向上直接锚入上方钢筋混凝土墙体内。

148. 梁板钢筋在人防墙体的水平锚固长度 ≤ $0.4l_{aF}$ 时，可减小长度方法？

[问题描述] 防空地下室梁板在人防墙体的水平锚固长度满足不了 $0.4l_{aF}$ 时，除调整钢筋直径、补充梁头等做法外，有无其他构造做法以减小水平段长度？

减少锚固长度水平段与减少总锚固长度是不同的，图集和规程给的很多做法都是针对减少总体锚固长度的，并不是减小锚固水平段长度的，这一点要注意。

一般来说，当防空地下室梁板在人防墙体的水平锚固长度 ≤ $0.4l_{aF}$ 时，除调整钢筋直径、补充梁头外，还可以考虑采用增加边梁、增加扶壁柱、梁端竖向加腋、将相交节点按照简支考虑（用于梁与墙相交的部位）等做法。

149.在多层地下室外墙配筋，竖向受力钢筋上端伸入支座锚固长度要求？

人防外墙竖向受力钢筋上端伸入支座内的锚固长度及连接构造若以示意图代替，既不符合设计深度要求，也会给施工造成影响。应在人防外墙的配筋图中直接标明。位于多层地下室底层的人防外墙的纵向钢筋应伸入上一层的外墙内，并与上一层外墙的纵向钢筋搭接；单层防空地下室的人防外墙的纵向钢筋应伸入外墙上端的顶板内。具体图集构造参见《防空地下室设计荷载及结构构造》07FG01第 58 页。

150.临空墙与门框墙在同一轴线时，临空墙水平筋的锚固支座如何选择？

[问题补充]《防空地下室结构设计》07FG01~05 中对防护密闭门门框墙的选型做了规定，比如门框墙宽度超过 1m 并达到相应荷载等级时就采用门框柱的类型，可是对密闭门却没有做出相应限制，现场施工时会遇到密闭门门框墙长度过大的情况，有时可达 3m，给施工带来不便，另外在同一轴线上的临空墙水平分布钢筋和门框墙水平受力钢筋在施工时，临空墙的水平分布钢筋是锚固在与门框墙分界处的墙体支座内还是必须一直伸至门框墙内再锚固，且末端做外拐互抱（此处可否不做弯拐，而是直锚），并满足锚固长度？

对于临空墙与门框墙在同一轴线且中间没有明显的分界处（分界处指能够达到支座要求的柱或翼墙），这种情况属于概念不清，应避免出现，但不直接承受冲击波作用的密闭门门框墙长度过大是存在的，对于这类长度过大的门框墙应将水平筋做成通筋，整体构造统一参照门框墙构造要求即可；当分界处存在明显的支座时（有能够达到支座要求柱或翼墙），水平筋也应执行临空墙和门框墙水平筋直径和间距尽量统一原则，能通则通，如果无法贯通可将水平筋锚固在与门框墙分界处的墙体或柱子内。对于水平筋在支座具体锚固长度要求可参见《钢筋混凝土门框墙》07FG04第 4 页编制说明第 9.5 条要求。

151.人防顶板下层钢筋在支座处能否断开？

人防顶板下铁可以在支座处断开，但应根据支座情况满足相应的钢筋锚固要求。端支座下铁的锚固，按《防空地下室设计荷载及结构构造》07FG01 第 58 页执行或直锚满足 l_{aF} 要求；中间支座下铁的锚固，对甲类防空地下室，由于核武器冲击波衰减的过程中可能在人防顶板产生负压，板底钢筋在支座处受拉，建议下铁在支座处直锚时满足人防的锚固要求 l_{aF}；对乙类防空地下室，在受爆炸动荷载作用自由振动的过程中，板的上部、下部也将会交替受拉、受压作用，所以下铁的锚固也应满足人防的锚固要求 l_{aF}。对于多层防空地下室（不包含上层为普通地下室）的中间楼板，仅在上层防空地下室被破坏的情形下受力，而且经过负一层的空间扩散效应，其爆炸动载作用的振动效应会减弱，可以考虑下部受拉钢筋按《混凝土结构施工图及平面整体表示方法制图规则和构造详图》16G101 第 99 页执行。

第 4 节　配筋构造方式

152. 人防底板反柱帽如何配筋？

[问题描述] 目前防空地下室底板较多采用反柱帽的无梁板，是否反柱帽构造要满足《防空地下室设计荷载及结构构造》07FG01 第 69 页中反柱帽的构造要求，此柱帽要求引自人防工程规范中的反托板设计，如何理解吊筋？下层筋和柱帽筋配筋率是否可以按卧置于地基的底板考虑？下层筋是否可以在柱帽中锚固不需要拉通？

人防底板反柱帽构造宜满足《防空地下室设计荷载及结构构造》07FG01 第 69 页中反柱帽的构造要求。吊筋在冲切破坏锥体范围内属于构造要求，在冲切破坏锥体外的水平段属于底板抗弯筋，因此配筋率应大于等于 0.3%。下层筋和柱帽筋配筋率计算可以按卧置于地基的底板考虑，但构造应按反托板考虑。下层筋采用双层钢筋网有利于提高底板的整体性能，也与《防空地下室设计荷载及结构构造》07FG01 第 69 页和人防工程设计规范的构造做法是一致的。虽然理论上可以在柱帽中冲切破坏锥体线以内锚固不需要拉通，但明确具体位置不方便，而且可以切断的部分不多也没有太大价值。

153. 门框墙厚度较大时，墙体中间是否需要增加一层双向钢筋网？

[问题补充] 门框墙的上挡墙如果厚度较大，比如厚 800mm 或者 1000mm，这时仅双层双向配筋能否满足要求？是否需要门框墙中间再加一层双向钢筋？

分两种情况考虑此问题，对于高层建筑如果门框墙与地上剪力墙重合，大于 400mm 时需要在中间增加一层双向钢筋网片，是使墙体的剪应力分布均匀，这是《高层建筑混凝土结构技术规程》JGJ 3—2010 第 7.2.3 条要求的；对于单层或多层的抗震墙或防护墙体，抗规、混凝土规范、防空地下室规范均未对大于 400mm 的墙，在中间增加一层双向钢筋网片做出要求（多层抗震墙有特殊要求的除外），所以除高层剪力墙外，一般混凝土墙体是不用在中部增加钢筋网片的，水池等工业建筑很多挡土墙都是 1m 厚，也都是采用双排配筋的。

154. 门框墙节点处钢筋如何布置？

[问题补充]

（1）门框洞口范围内两边侧墙的水平受力钢筋及门框上挡墙和门槛竖向受力钢筋的布置范围是否只在门框所在范围内，而在这个范围之外，即门框侧墙与上挡墙和门槛相交区域则没有这种末端闭口的受力钢筋，而只需将门框侧墙的竖向钢筋伸入上下支座，即楼板和筏板，同时将上挡墙和门槛水平受力钢筋也伸到两侧支座锚固，即两侧与门框墙垂直相交的墙体。

（2）门框墙所有水平和竖向受力钢筋末端均应封闭，且应分别勾住相对应的顶板、筏板以及与之垂直墙体的最外排钢筋，这样理解是否正确？

（3）悬板活门四周的异形箍筋是否为整根钢筋弯制而成，如果用两段钢筋分别制作成两个矩形箍筋，安装时再拼在一起，即组合式，这样是否可行？

（4）设计经常会将门框墙水平受力钢筋设计成与梁柱一样形式的箍筋，是否正确？《人民防空地下室设计规范》GB 50038—2005 里画的是末端对抱形式，且平直段长度不小于 15d。

（1）门框洞口范围内两边侧墙的水平受力钢筋及门框上挡墙和门槛竖向受力钢筋的布置范围只在门框所在范围内即可，这符合门框墙的实际受力要求。门框墙首先可以认为是临空墙，四周钢筋在支承端的锚固，均应按临空墙在顶底板及左右侧墙钢筋锚固。门框两边侧墙的水平受力钢筋及门框上挡墙和门槛竖向受力钢筋的布置只是门框四周对应的构件配筋特定形式，本质上也是防护构造配筋的锚固。

（2）门框墙所有水平受力钢筋末端均应按图集《钢筋混凝土门框墙》07FG04 要求采用对抱方式锚入两侧墙体，且应分别勾住相对应与之垂直墙体的最外排钢筋；而门框墙竖向钢筋作为构造钢筋可按墙体竖向钢筋锚固要求锚入上下楼板。

（3）悬板活门四周的异形箍筋应作为整根钢筋弯制而成，做法详见图集《钢筋混凝土门框墙》07FG04 第 68~75 页悬板活门门框墙配筋图。如果用两段钢筋分别制作成两个矩形箍筋，安装时再拼在一起，应该注意箍筋的开口侧不能放在门框墙根部，应放在远端，保证根部达到锚固要求，受力原理及构造做法类似于悬臂构件，如变截面挡土墙。

（4）门框墙水平受力钢筋不宜设计成与梁柱一样的箍筋形式，主要是因为锚固长度问题，按图集采用末端对抱形式更容易满足锚固长度的要求，直锚也是可以的，具体锚固要求可参见《钢筋混凝土门框墙》07FG04 第 4 页第 9.5 条。

155. 单建式人防工程，柱子纵向钢筋非连接区如何设置？

[问题补充] 图集《混凝土结构施工图平面整体表示方法制图规则和构造详图 — 现浇混凝土框架、剪力墙、梁、板》16G101-1 第 63 页，柱子纵向钢筋在嵌固部位往上 $1/3H_n$（H_n 为所在楼层的柱净高）为非连接区，当地下室为全地下室（无上部结构）

时，地下室底板是否作为柱子的嵌固部位？也即底板往上 $1/3H_n$ 是否为柱子纵向钢筋的非连接区？

在图集《混凝土结构施工图平面整体表示方法制图规则和构造详图—现浇混凝土框架、剪力墙、梁、板》16G101—1 第 63 页中，当基础（底板）为嵌固部位时，柱子纵向钢筋非连接区如图 6-5 所示。

当上部建筑嵌固部位位于基础顶面以上时，嵌固部位以下地下室部分柱纵向钢筋连接构造如《混凝土结构施工图平面整体表示方法制图规则和构造详图—现浇混凝土框架、剪力墙、梁、板》16G101—1 第 64 页（图 6-6）。

当地下室为单建式地下室（即问题中的全地下室，无上部结构）时，一般情况下，它的底板是柱子的嵌固部位，底板往上 $1/3H_n$（H_n 为所在楼层的柱净高）作为柱子纵向钢筋的非连接区（箍筋加密区），柱子纵向钢筋应避免在这个区域连接。（特殊情况是，当地下室的基础顶面和底板面不在一个标高，且相差较大的时候，则可选底板或基础顶面作为嵌固端）。

对于框架柱，柱端加密区、节点核心区是关键部位，为实现"强节点"的要求，纵向受力钢筋连接节点要求尽量避开这两个部位，这两个部位也即《混凝土结构施工图平面整体表示方法制图规则和构造详图 – 现浇混凝土框架、剪力墙、梁、板》16G101-1 第 63 页、第 64 页所谓的非连接区。

单建式地下室的柱端加密区的确定，可根据《建筑抗震设计规范》GB 50011—2010（2016 年版）第 14.3.1 条第 3 款的规定：

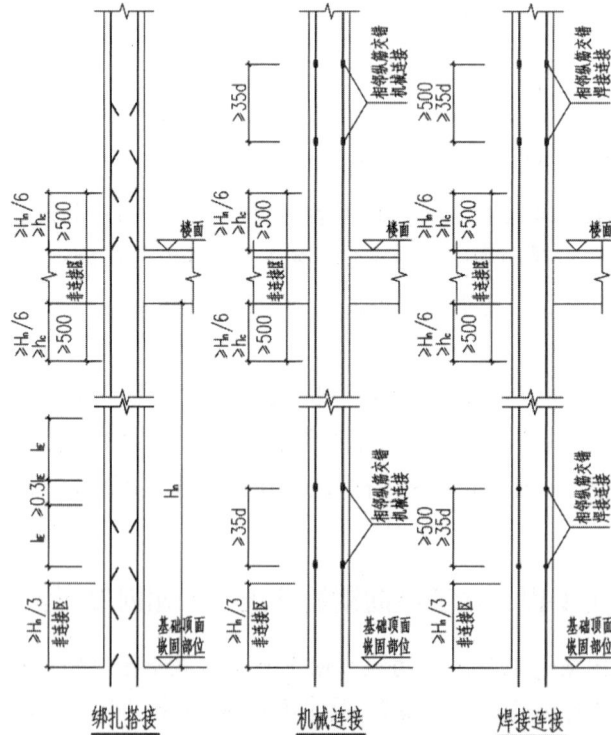

图 6-5　地下室框架柱钢筋构造详图

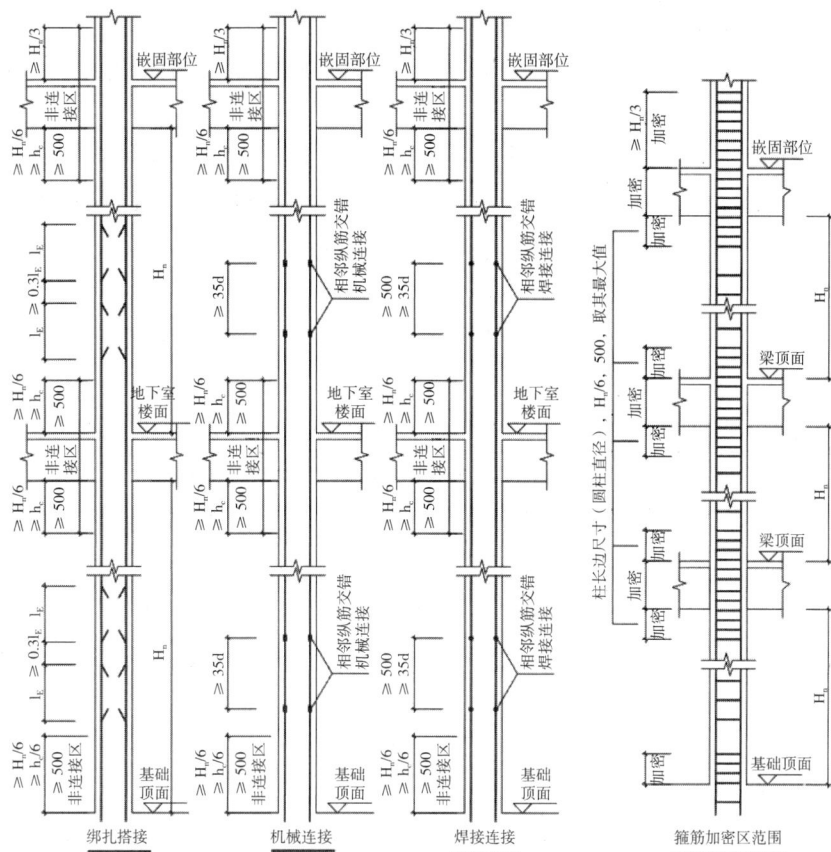

图 6-6　框架柱钢筋构造详图

"14.3.1 钢筋混凝土地下建筑的抗震构造，应符合下列要求：

3 中柱的纵向钢筋最小总配筋率，应比本规范表 6.3.7-1 的规定增加 0.2%。中柱与梁或顶板、中间楼板及底板连接处的箍筋应加密，其范围和构造与地面框架结构的柱相同。"

因此，单建式地下室的柱子与底板连接处的箍筋应加密，其范围和构造与地面框架结构的柱相同。也是与《建筑抗震设计规范》（2016 年版）GB 50011—2010第 6.3.9 条规定相同：

"6.3.9 柱的箍筋配置，尚应符合下列要求：

1 柱的箍筋加密范围，应按下列规定采用；

1）柱端，取截面高度（圆柱直径）、柱净高的 1/6 和 500mm 三者的最大值；

2）底层柱的下端不小于柱净高的 1/3；

3）刚性地面上下各 500mm；

4）剪跨比不大于 2 的柱、因设置填充墙等形成的柱净高与柱截面高度之比不大于 4 的柱、框支柱、一级和二级框架的角柱，取全高。

2 柱箍筋加密区的箍筋肢距，一级不宜大于 200mm，二、三级不宜大于 250mm，四级不宜大于 300mm，至少每隔一根纵向钢筋宜在两个方向有箍筋和拉筋约束；采用拉筋复合箍时，拉筋宜紧靠纵向钢筋并钩住箍筋。"

因此，根据第 6.3.9 条，单建式地下室的底层柱的下端箍筋加密范围，不小于柱净高（H_n）的 1/3。

另外，虽然在《建筑抗震设计规范》（2016 年版）GB 50011—2010 第 14.2.2 条规定 "地下建筑的抗震计算模型，应根据结构实际情况确定并符合下列要求：应能较准确地反映周围挡土结构和内部各构件的实际受力状况；与周围挡土结构分离的内部结构，可采用与地上建筑同样的计算模型"。

但是实际上由于地基土为非弹性材料且离散性很大，即使对计算参数进行精细分析，其计算结果的准确性仍不理想。因此目前大部分计算程序对单建式地下室的分析计算均采用简化计算方法，不考虑地下室以外土体的质量和刚度，仅考虑地下结构自身刚度以及地下室以外填土对地下结构刚度的增大作用，将地下室结构简化为地上结构，也即采用的是基础顶面的嵌固模型，采用振型分解反应谱法计算。所以地下室基础（底板）作为单建式地下室柱子的嵌固端，也和通常的计算程序相符。

最后，《防空地下室设计荷载及结构构造》07FG01 第 63 页中，嵌固部位往上 $1/3H_n$ 为非连接区，如图 6-7 所示；第 64 页中在底板处框架柱的下端箍筋加密区也是 $1/3H_n$，如图 6-8 所示。

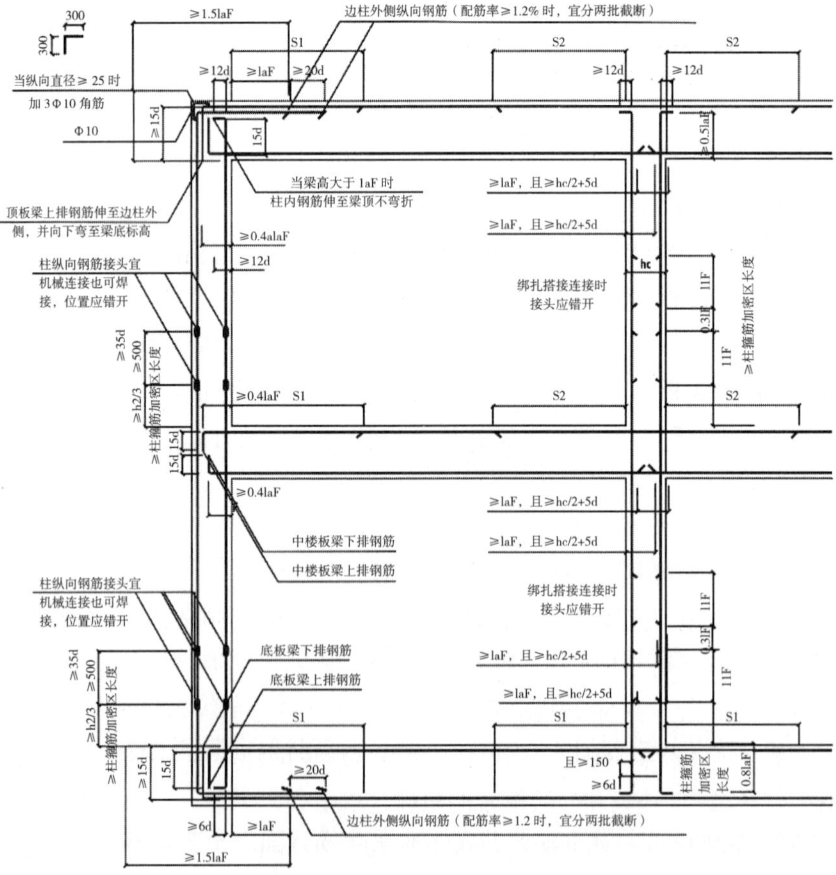

图 6-7 梁柱纵向钢筋连接构造图

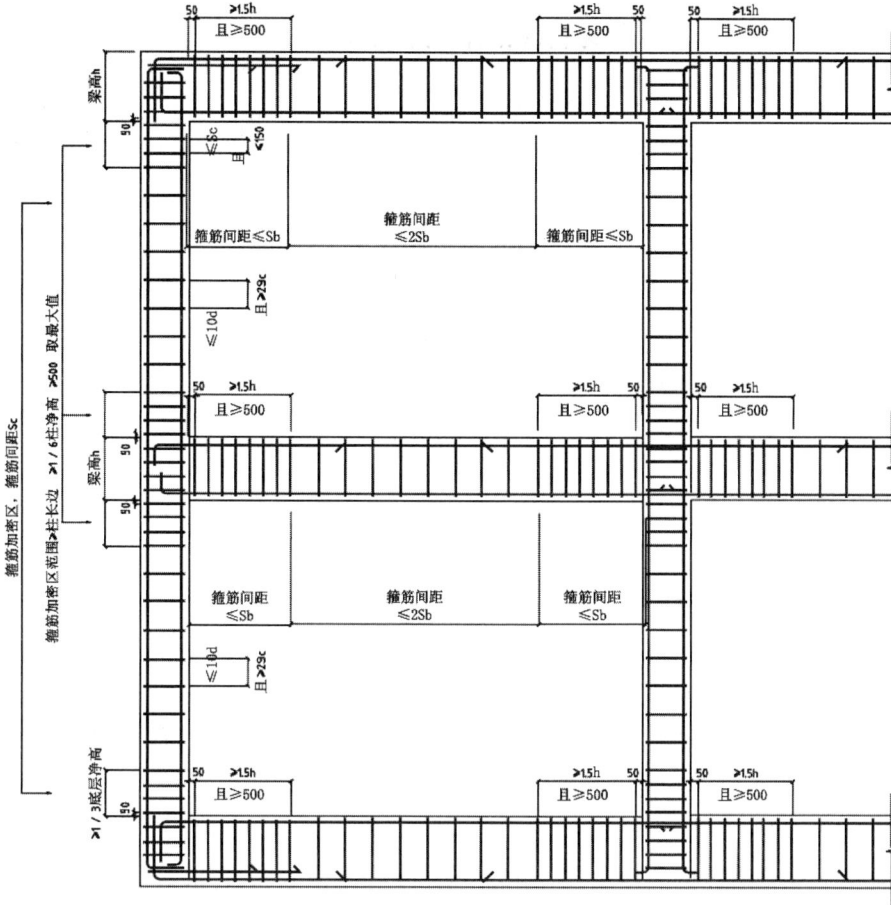

图 6-8　梁柱箍筋构造图

156. 空心现浇楼板配筋问题？

[问题描述] 人防顶板采用空心楼盖，顶板最小配筋率如何考虑（按折合厚度还是箱顶实心板厚度）？顶板双层双向配筋如何配置？若均配置于箱顶实心板，箱底配筋如何考虑？此种顶板结构计算方式近似于无梁楼盖，最小配筋率是否按 0.25% 考虑？

空心楼盖有以下三种形式（图 6-9）。

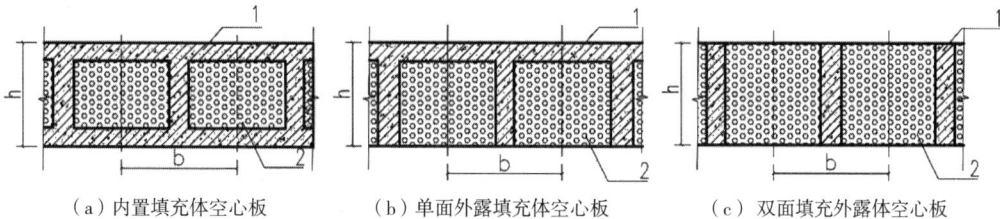

（a）内置填充体空心板　　　（b）单面外露填充体空心板　　　（c）双面填充外露体空心板

图 6-9　现浇混凝土空心楼板截面示意图
1- 现浇钢筋混凝土；2- 填充体材料

　　图 6-9（a）和图 6-9（b）可用于人防工程，图 6-9（a）采用上下两层板分别单层双向配筋，图 6-9（b）采用上层板双层双向配筋，其最小配筋确定方法如下：

　　空心楼板的最小配筋率参照的规范目前主要是《现浇混凝土空心楼盖技术规程》JGJ/T 268—2012 和《现浇混凝土空心楼盖结构技术规程》CECS 175—2004 两本规范，两本规范均对空心楼盖的最小配筋率做了相应规定。《现浇混凝土空心楼盖技术规程》JGJ/T 268—2012 在第 7.1.9 条给出最小配筋面积公式：

$$A_s/A_0 \geq \rho_{min} I/I_0 \quad （式 7.1.9-1）$$

式中　ρ_{min}——最小配筋率，按现行国家标准《混凝土结构设计规范》（2015 年版）GB 50010—2010 的有关规定取值；

　　　　I——截面惯性矩（mm^4）；

　　　　I_0——相同外形的实心板截面惯性矩（mm^4）。

　　《现浇混凝土空心楼盖结构技术规程》CECS 175—2004 在第 6.1.6 条要求"空心楼板的纵向受力钢筋最小配筋率、温度收缩钢筋配筋构造应符合现行国家标准《混凝土结构设计规范》（2015 年版）GB 50010—2010 的有关规定。配筋率计算时，楼板截面面积应按楼板的实际截面计算。"

　　对比两种最小配筋率计算方法，《现浇混凝土空心楼盖技术规程》JGJ/T 268—2012 确定最小配筋率的原则是与控制最小配筋率的初衷一致，是按照混凝土空心楼板的开裂弯矩与最小配筋的承载力相同确定的原则确定的；而且与空心楼盖的实际受力状况一致的，建议采用此规范确定空心楼盖最小配筋率。

　　对比两本规范确定的最小配筋率大小，《现浇混凝土空心楼盖技术规程》JGJ/T 268—2012 计算的最小配筋率一般大于《现浇混凝土空心楼盖结构技术规程》CECS 175—2004 计算的最小配筋率。

　　将此最小配筋率用于人防工程，要结合人防规范，如《人民防空地下室设计规范》GB 50038—2005 第 D.3.1 条要求："无梁楼盖的板内纵向受力钢筋的配筋率不应小于 0.3% 和 $0.45f_{td}/f_{yd}$ 中的较大值。"在应用无梁楼盖计算方法计算时，要将空心楼盖规范最小配筋面积的计算公式中最小配筋率取值按照第 D.3.1 条取值。

　　除最小配筋率外，空心楼盖用于人防工程时，设计还应注意两点问题：

　　（1）当空心楼盖的肋梁在以墙体或明梁（不含轴线上的暗梁）为支座时，要计算肋梁的抗剪承载力，人防等效静荷载作用下多数肋梁的拉筋或箍筋抗剪都是不够的。

　　（2）尽量采用空心双向同性箱体，因管状空心体，两个方向刚度不一致，不利于发挥人防的弹塑性状态。

　　当人防工程按照图 6-9（a）布置空心箱体（内置填充体楼板）时，考虑到人防拉筋间距不大于 500mm 的要求，箱体大小不宜大于 500mm。箱体间肋梁采用单肢箍时，箱体尺寸为 400~450mm 较好；当采用双肢箍肋梁时箱体尺寸按不大于 500mm 控制即可。在肋梁内的拉筋或箍筋，要适当加密，增加肋梁的上下两层板的变形协调能力，以弥补梅花形拉筋布置中部拉筋缺失带来的损失。

157. 人防顶梁板采用无梁楼盖时，柱帽处 U 形筋的构造如何确定？

按照《防空地下室设计荷载及结构构造》07FG01 第 70 页（图 6-10），无梁楼盖构造要求。

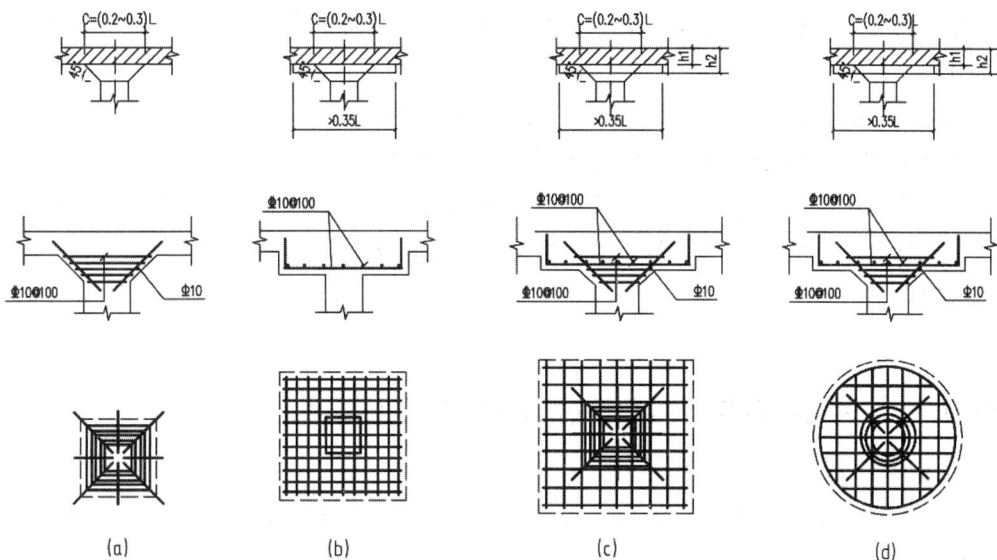

图 6-10　无梁楼盖柱帽构造图

第 5 节　其他构造要求

158. 人防墙体受力钢筋能否用直径小于 12mm 的钢筋？

（1）《人民防空地下室设计规范》GB 50038—2005 第 4.11.12 条第 1 款：防护密闭门的门框墙钢筋直径不应小于 12mm。据此表明防护密闭门门框墙钢筋直径有限制。

（2）对于其他位置的墙体钢筋直径的限制规范并未明确，只是提出配筋率控制。

（3）可参照《混凝土结构设计规范》（2015 年版）GB 50010—2010 中对剪力墙受力钢筋直径的限制。

159. 防护单元内是否允许设置沉降缝、伸缩缝？

[问题补充] 人防工程设计规范规定在防护单元内不宜设置沉降缝、伸缩缝，《轨道交通工程人民防空设计规范》RFJ 02—2009 第 5.10.3 条仅规定由防护密闭门至密闭门的防护密闭段不得设置沉降缝、伸缩缝，请问地铁防护单元内是否允许设置沉降缝、伸缩缝？

　　防护单元内不允许设置变形缝的目的是保障其密闭防毒要求。但有一些类型的人防工程没有密闭防毒要求（如专业队车辆掩蔽部、战时人防汽车库等），必要时防护单元内可以设置变形缝，故《人民防空地下室设计规范》GB 50038—2005 等人防工程设计规范修订时均将"不应"改为"不宜"。

　　对于地铁车站由于平时使用要求的特殊性，故地铁车站为"兼顾设防"的人防工程，其防护要求比普通人防工程有所放松，关于设置沉降缝、伸缩缝的规定就是其中之一。

　　地铁车站及区间属于超长结构，每隔 100m 均需设置伸缩缝。由于覆土层较厚，缝顶设置"T"形金属片等因素，也是能够满足防护密闭要求。

　　地铁出入口通道通常位于地铁车站主体结构的两侧，由于与主体结构刚度相差较大，且施工时间滞后等因素，需设置变形缝或后浇带，但应避开位于通道中的防护密闭段。

160. 不在规范表格范围内构件最小厚度不受此限制吗？

　　[问题补充]《人民防空地下室设计规范》GB 50038—2005 第 4.11.3 条所要求人防构件的最小厚度是否针对表格内所涉及的人防构件，不在表格范围内构件不受此限制，如楼梯、防倒塌棚架等？

　　在人防工程设计规范中明确规定防空地下室所有现浇混凝土结构构件最小厚度为 200mm。《人民防空地下室设计规范》GB 50038—2005 第 4.11.3 条是以表格形式出现，有部分构件未在表内显示。厚度规定是出于两种考虑，一个是受力，一个是密闭性。如果没有密闭性要求的平台板、踏步板等，可以在受力计算要求满足的情况下适当放宽要求。

第7章
平战转换相关问题

161. 当防空地下室未设在最下层时，其下各层采取哪种临战封堵措施？

[问题补充] 对于多层地下室结构，当防空地下室未设在最下层时，对防空地下室以下各层采取的给排水专业临战封堵转换措施有哪些？

对多层地下室结构，当防空地下室未设在最下层时，宜在临战时对防空地下室以下各层采取临战封堵转换措施，确保空气冲击波不进入防空地下室以下各层。此时防空地下室顶板和防空地下室及其以下各层的内、外墙、柱以及最下层底板均应考虑核武器爆炸动荷载作用，防空地下室底板可不考虑核武器爆炸动荷载作用，按平时使用荷载计算，但该底板混凝土折算厚度应不小于 200mm，配筋应符合《人民防空地下室设计规范》GB 50038—2005 第 4.11 节规定的构造要求。

在实际工程设计中，由于电梯井、直通下面的管道等存在，且大多数是只有一层的部分面积做了防空地下室设计，所以在"临战时对防空地下室以下各层采取临战封堵转换措施，确保空气冲击波不进入防空地下室以下各层"实际上很难做到。所以有很多地区不允许设"空中阁楼形式人防工程"，如果要这样设计，建议考虑修改方案或经主管部门同意后经专家专项论证解决具体技术问题。

162. 当洞口跨度 ≥ 12m 时，允许战时后加柱吗？

现行《人民防空地下室设计规范》GB 50038—2005 不支持后加柱进行结构平战转换的做法，规范中也没有给出后加柱结构转换的设计方法。

按照本规范第 4.12.2 条规定"平战转换措施应按不使用机械，不需要熟练工人能在规定的转换期限内完成"，后加柱在运输、安装上很难达到此要求。所以不推荐使用后加柱方案，如果综合考虑各种因素后，实际工程中必须采用后加柱方案，应注意以下几个问题：

（1）平时工况下不考虑临时后加柱的竖向承载作用，平时结构设计的结构形式、强度、结构厚度需满足平时工况条件，并满足战时工况下的结构构造要求（人防结构最小厚度、最低强度、最小配筋率等）。

（2）战时工况下单独设置临时后加柱平面布置方案，对于板柱结构优先布置在大板的形心位置，对于框架梁结构可以布置在梁中点，是否增加肋梁根据战时工况下的板强度计算确定。

（3）战时工况下由于钢柱的存在，对支点的数量和位置的改变，应验算支点处的抗剪承载力和支点处的受弯承载力，并按承载力要求加大上部通筋或设置局部附加筋，并对箍筋直径和间距进行调整。在构造上要按照本规范第 4.11.10 条要求，对新增钢柱支点处设置箍筋加密区。

（4）后加柱宜优先采用整体式钢柱或拼接式格构钢柱，并按照设计图预制好主构件和各个连接构件，采用混凝土预制柱自重过大，不适宜平战转换，木柱不耐贮存，战时临时调用无材料来源。

（5）平时在顶板结构做好刚性顶托的预埋设计工作，根据战时工况下结构竖向导荷设计地基基础，在底板结构部位做好杯口式基础或钢柱脚预埋板等措施，平时伪装封闭，战时打开，利于快速转换。

（6）后加柱可根据《人民防空工程防护功能平战转换设计标准》RFJ 1—1998 的相关规定进行，并注意加后加柱的数量不宜超过 4 根。具体还应按当地人防管理部门的要求实施。

163. 当平时洞口高度 $h > 3m$ 时，采用临战封堵的措施如何处理？

对临战封堵的洞口平面尺寸和封堵的数量作出限制是为了控制临战时人防工程的封堵工程量，不存在技术上的问题。临战时，政府部门要做的工作很多，要把有限的时间和精力用到更重要的地方去。为了减少临战时人防工程的临战封堵的工程量，大多地区已经要求较大的洞口采用建造时一次到位安装防护密闭门代替临战封堵的做法。所以，应避免出现临战封堵的洞口尺寸和数量超规范的情况。如果必须要开高度 $h > 3m$ 的洞，应采用防护密闭门封堵，并施工时一次安装到位。

对于特殊情况，确实不能改为防护密闭门封堵的情况应进行专项封堵转换设计，进行专项设计后，应由相关科研设计单位实验鉴定，并经主管部门同意后采用。

在专项设计时，应注意以下问题：

（1）满足人防工程对应部位受空气冲击波的受力要求；

（2）满足变形后的防护密闭要求；

（3）满足平战功能技术标准要求，在不依靠专业机械、专业人员的条件下能够完成平战转换的要求。

164. 大型封堵门框上挡梁的计算模型如何选取？

门框墙是门扇的支承构件，为保证门框墙能形成不动支座，不论门扇是处于弹性工作阶段还是塑性工作阶段，门框墙均按弹性工作阶段设计。当门洞边墙体悬挑长度小于或等于 1/2 倍该边边长时，可按悬臂构件进行设计；通常情况下，对于大型封堵门框，如 7000mm×2500mm 洞口的上挡墙，一般是按悬臂梁构件简化计算。

当门洞边墙体悬挑长度大于 1/2 倍该边边长时，不能视作悬臂构件，此时宜在门洞口上方设明梁；或者当上部悬臂高度（长度）太大时，也可以在门洞口上方增设加强明梁。同时，上挡梁的两端一定要有可靠的支承，即门洞两侧的墙体为上挡墙或梁的可靠支座。此时，上挡墙可视作四边支承的板，上挡梁可以按两端固定。按上挡梁的中心线划分，梁上部的上挡墙按临空墙荷载作用设计，梁下部按门框墙荷载设计，上挡梁承受的荷载是门框墙和上挡墙传来的荷载。

165.封堵框活门槛下角钢尺寸大，需切断底板钢筋有什么好的做法？

[问题补充] 由于人防预埋门框的需要，如封堵框和活门槛，下门槛角钢很大，100~150mm 均有，而建筑面层很薄，为预埋角钢就需要切断底板钢筋，按地槽做法，导致底板钢筋不连续；或者增加下挡墙高度，导致下门槛突出地面不便于平时使用，是否有好的办法解决此问题？

封堵框和活门槛下门槛角钢大，且角钢的高度超过了面层厚度，常见的做法有以下几种：

（1）如果有增加建筑面层厚度的可能性，增加面层厚度，保证下挡墙高出底板筋部分能够保证角钢的预埋；

（2）如果面层厚度不能增加，可考虑让下挡墙局部高出建筑地面，在下挡墙两侧局部做建筑斜坡处理，保证角钢预埋；

（3）如果（1）（2）方案受限不可行，可考虑将门框墙下挡墙处的底板局部下沉，做法类似于集水坑构造，如图 7-1 所示：

（4）将下门槛角钢预留穿筋槽孔，保证钢筋的贯通；

（5）在防护密闭门或封堵框活置门槛下设人防底板梁，将底板筋在支座位置按1：6 弯折，如图 7-2（a）、图 7-2（b）所示；

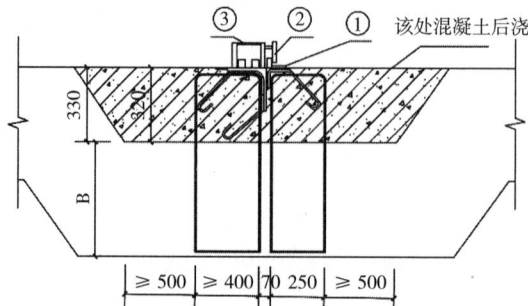

①前角钢；②密闭胶条；③活门槛

图 7-1　底板下沉门槛构造

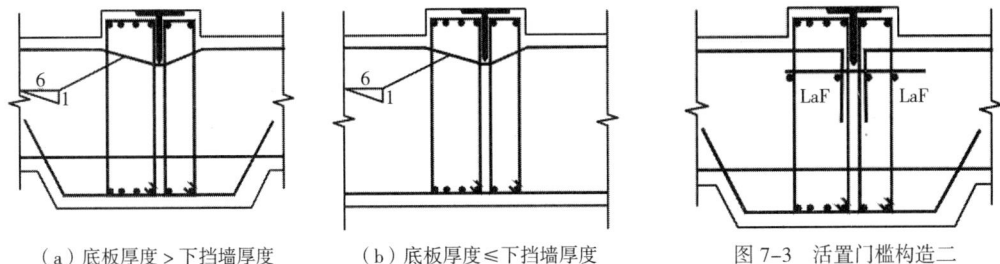

（a）底板厚度＞下挡墙厚度　　（b）底板厚度≤下挡墙厚度　　图 7-3　活置门槛构造二

图 7-2　活置门槛构造一

（6）在防护密闭门或封堵框活置门槛下设人防底板梁，将无法贯通的底板上层筋截断向下弯折（图 7-3）。

以上提到的 6 种处理方案，在实际工程应用中，优先等级先从第 1 种做法开始，逐步比较，最后再选择第 6 种做法。

166. 人员掩蔽部中设置机械车位，战时转换是否可行？

机械车位出入层规范对净高要求是不小于 2m，能够满足人员掩蔽管底净高不小于 2m 的要求，而且机械停车位第一层净高不小于 1.8m，也能够保证一般人员进出，虽然机械车位架子外轮廓有影响，但影响范围很小，从整体来看，机械车库是可以用于战时掩蔽工程的。

对于量大面广的机械停车库，战时让车架战时全部运出人防区的转换量太大，也无法操作，平时的机械车库不能影响平战功能转换空间，也就是说平时机械车库位置需要考虑战时水箱、战时厕所等功能房间的设置，同时不能影响防护单元隔墙上人防封堵门的平时和战时开启。另外，如果对战时掩蔽舒适程度要求较高，也可采取减少战时掩蔽人员的方法，相当于减少机械停车位区的人员掩蔽数量，具体值可以由设计自己把握，与当地防办沟通。应说明的是，这样一来，为了满足规范对人员掩蔽人数的要求，可能会带来增加配建人防工程面积的影响。

第 8 章
工程做法建议

167. 坡地建筑，民用规范要求需设抗震缝时如何处理？

（1）坡地建筑如必须设贯通地下室的抗震缝时，则抗震缝两侧应分别设置不同的防护单元。并按《人民防空地下室设计规范》GB 50038—2005 第 3.2.11 条第 1 款图 3.2.11 要求设双墙、双防密门。或一侧设人防、一侧设普通地下室。

（2）防空地下室不设抗震缝、上部建筑设抗震缝，按大底盘上的裙楼设计。

168. 在山地建防空地下室，出现顶板底高于室外地坪时如何处理？

[问题补充] 在山地建防空地下室四个侧面中，有三面或二面在室外地坪下，另外一面或二面是在山地室外地坪上的，这时设人防区有何要求？

山地建筑依山而建，一边或两边完全临空和局部临空现象比较常见，此类地下室基础及底板下多为岩石，建设方在满足平时基础埋深、嵌固和停车位的情况下，都不愿向下多挖一层形成全埋或半埋地下室，因为向下开挖成本太高，非常不现实、不经济。而《人民防空地下室设计规范》GB 50038—2005 第 3.2.15 条黑体强条中规定乙类防空地下室允许半埋，甲类防空地下室上部建筑为砌体结构时允许核 5 级临空 0.5m，核 6 级临空 1m，上部建筑是非砌体结构的必须全埋。对于目前的建筑设计状况，地下室上部建筑为砌体结构的几乎没有。规范对不允许临空的条文解释是防止防空地下室倾覆。因此设计和审图方对此条的分歧较大，把控难度也大。

建议可按以下几方面措施考虑一边或两边临空的防空地下室：

（1）对于全部或大部分是灌注桩深基础的，灌注桩具有抗拔作用，战时抗防空地下室倾覆应该能满足，若地下室大部分为浅基础战时不能满足倾覆要求的，可以在底板下设计做抗拔锚杆，达到抗倾覆要求。

（2）对于临空面必须满足战时抗力要求，由于外墙直接临空，荷载很大，建议尽量将临空面墙体退两跨（或 10m）以上设置，并对墙体进行加厚，或设两道防线，做双钢筋混凝土墙处理，两道墙的间距宜拉开，保证在 6m 以上。

（3）甲类的临空面墙体必须满足防辐射厚度要求。

（4）人防主要出入口不宜设置在临空面一侧。

169. 坡地建防空地下室，一面侧墙露出室外地面，荷载取值如何考虑？

对于外露面的荷载取值问题，乙类常 5 级和常 6 级工程可以按照《人民防空地下室设计规范》GB 50038—2005 第 4.7.3 条分别取 400kN/m^2 和 180kN/m^2；甲类 6 级和 6B 级工程按照规范第 4.8.4 条分别取 130kN/m^2 和 80kN/m^2，核 5 级顶板底面高出室外地面必须外侧堆土，堆土后参照外墙荷载查表。参照规范高出地面的外墙取值，是考虑到外墙受力状态与荷载分布与规范给定的比较接近。因为对于单面临空的防空地下室一般都是有埋深的（因其要满足民用规范的埋深要求，比如《建筑地基基础设计规范》GB 50007—2011 第 5.1.4 条、《高层建筑混凝土结构设计规范》JGJ 3—2010 第 12.1.8 条，只是埋深会低于人防工程相关规范要求）。

170. 若防空地下室基础采取抗倾覆措施，顶板可否高出地面？

[问题补充]《人民防空地下室设计规范》GB 50038—2005 第 3.2.15 条只对特定条件下的甲类和乙类防空地下室顶板底部高出室外地面许可，规范条文解释是为了防止防空地下室倾覆。而以贵州为代表的山区大部分建筑均为依山而建，底板下多为岩石，地下室往往出现一面或两面临空的现象，若硬要向下挖全埋地下室非常不经济，本地区基础多为人工挖孔桩，具有抗拔和抗倾覆的作用，可否将本条规定改为能满足相应抗力和抗倾覆即可？

从战时防护安全的角度考虑，一般以修建全埋式防空地下室（即其顶板底面不高出室外地面）为宜。但考虑由于水文地质条件或平时使用的需要，如果在设计和管理中都能满足本条规定的各项要求时，则可以允许防空地下室的顶板底面适当高出室外地面。顶板底面高出地面高度满足《人民防空地下室设计规范》GB 50038—2005 第 3.2.15 条要求即可，该条是以强制性条文要求，设计中不应突破。但对于山地丘陵地带，顶板底面高出地面会有超出规范条文限制的情况，建议可以参照高层超限审查，进行人防设计的超规专项设计和审查，确定具体的解决方案。

突破防空地下室规范对埋深的要求，从结构上来说最主要影响到的是倾覆问题，类似于高层的整体稳定性，可参照《高层建筑混凝土结构技术规程》JGJ 3—2010 第 12.1.8 条要求执行 "在满足地基承载力、稳定性要求及本规程第 12.1.7 条规定的前提下，基础埋深可比本条第 1、2 两款的规定适当放松。当地基可能产生滑移时，应采取有效的抗滑移措施"。对于五、六级的乙类工程不考虑直接命中，对地面建筑物仅产生局部破坏作用，不至造成建筑物的整体倒塌倾覆，只要能满足平时状态下高规整体稳定要求就可以；对于甲类工程如果参照民用计算冲击波作用下产生滑移的水平力，难度太大，所以只能以构造和概念设计为主去思考（比如地下室某一侧回填土深度达不到规范要求，建议可以先计算出规范回填土深度与实际深度差值所带来的被动土压力的降低的量，然后通过结构措施去弥补，结构措施比如采用提高回填土承担被动土压力极限值的措施、增设抗滑移桩或锚杆等措施）。

同时人防规范里的抗倾覆应该主要是地上建筑物受到人防等效静荷载作用后导致防空地下室的倾覆，与地上结构的抗倾覆并不完全等同。根据清华大学的相关研究，在高层建筑下设置防空地下室发生倾覆的风险是非常高的。从风险的角度来说，地上建筑物是高层建筑比是多层或者没有地上建筑物发生倾覆的风险高，埋深浅比埋深深发生倾覆的风险高。因此从概念角度应尽量将高层部分放在离开敞端较远的地方会比较有利。

171. 以前修建的人防防空洞如何处理?

[问题补充] 20世纪60、70年代修建了很多不同用途的地下防空洞，多为地道式，埋深约在十几米以上甚至更深，随着城市地面建筑的大量建设，这些防空洞大多年久失修，渗漏严重，有的甚至给地上建筑及市政设施带来安全隐患，尤其砌体结构的更加明显。对上述砌体结构的旧有人防工程，有的需要直接报废，有的需要维修加固。请问对报废工程都有哪些处理方法? 对需要处理渗漏问题的防空洞有哪些成熟的做法? 各有什么适用条件?

对于此问题，应区分两个层面的问题: ①政策层面如何解决旧有地道式工程的报废或加固问题; ②技术层面如何解决旧有地道式工程的存留问题。

（1）政策层面

对20世纪60、70年代修建的地下防空洞，因当时条件限制，多数属于无设计图纸，无施工监督的单项工程。各段工事因修建单位投入的人力物力不同而结构形式、支护类型均有差异，现存部分竣工图纸和实际工事也表明此类特点。

从建筑物寿命来看，此类防空洞多数处于建筑生命周期的末端，由于维护管理情况参差不齐，多数现状较差，渗漏严重，结构退化严重，承载力缺失较多，如图8-1所示。

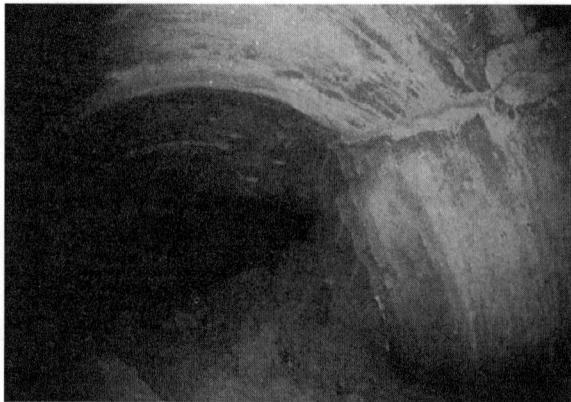

图8-1 结构损伤示意图

　　在对此类工程做评判过程中应依据的处理流程为：进行项目的检测→按照检测结果依据规范进行鉴定评级→对其中评级为严重损坏、影响结构安全的部分做报废申请→按照人防工程管理办法报请上级主管部门申请报废。

　　目前人防工程报废处理应遵循《人民防空工程维护管理办法》的相应条款进行。

（2）技术层面

　　目前对此类防空洞处理的原则或流程仍然建议采用：检测→鉴定→评判处理。

　　目前无专门的人防工程检测鉴定规范，可借鉴现有规范中与此类地道式人防工程检测鉴定有关的部分规范：《城市地下空间检测监测技术标准》DBJ 15-71-2010、《公路隧道养护技术规范》JTG H12—2015，参照此种的评定等级对此类工程进行鉴定评判。

　　对评级为严重损坏影响结构安全的部分应申请报废回填，目前采用的回填方法可考虑参照老旧矿坑道的回填方法，采用灌浆回填结合探地雷达检测的方法。

　　对评级为中等，可采用一定的加固方法使该部位加固后满足结构安全，可结合工程实际情况采用增加钢筋混凝土内衬砌、灌浆加固等做法，如图 8-2 所示。

　　对主体结构较为完好，仅有局部位置渗漏的工程，可采用"堵、排"结合的方法，同时采用化学注浆 + 设置引水板有组织排水相结合的方式，降低外部水压，防止较高的水压在其他部位寻找新的突破点。

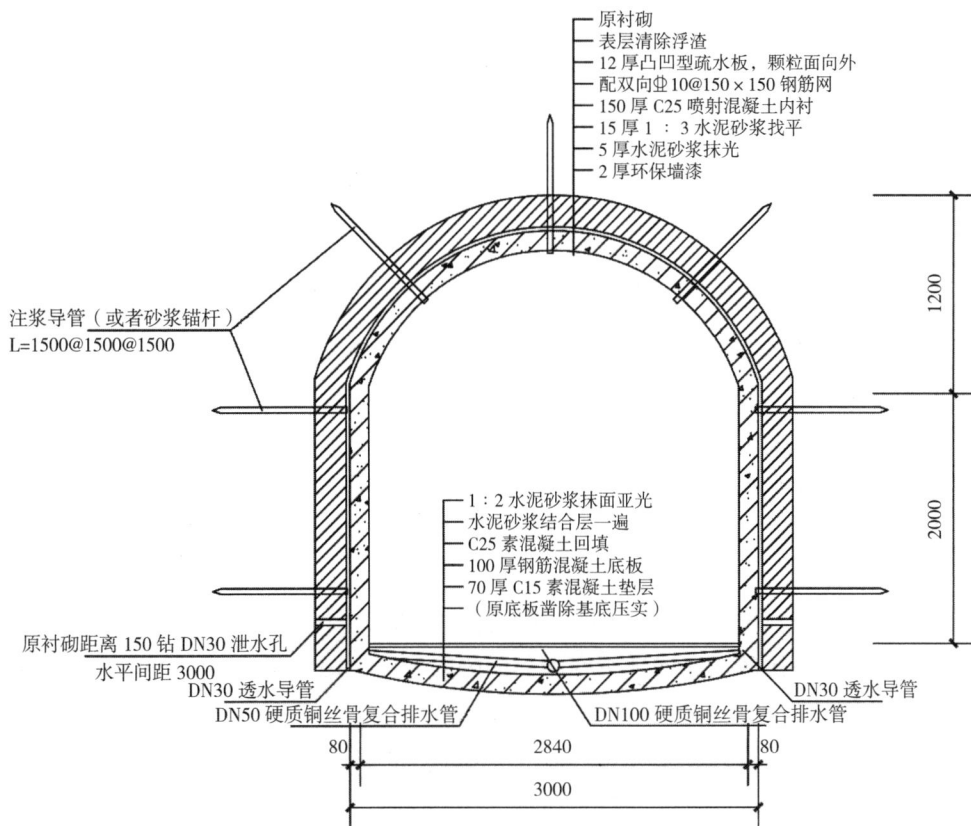

图 8-2　加固结构图

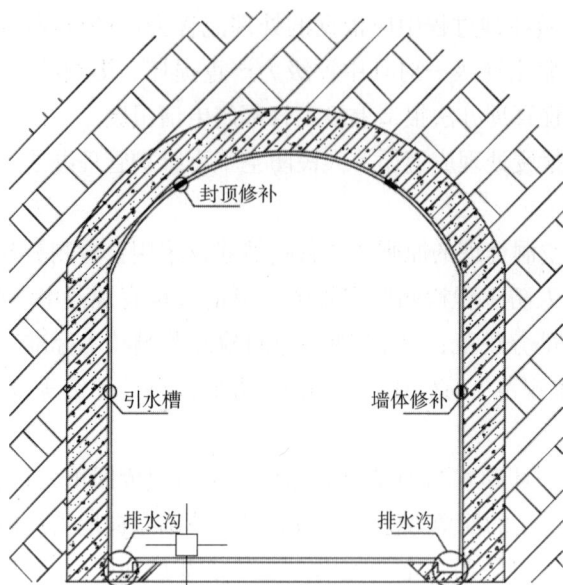

图 8-3 防排水处理示意图

另外，老旧人防工程往往是坑道、地道。坑道、地道相对防护能力较好，可以加固修复，如图 8-3 所示。对于平原软土地区，老旧人防工程大多位于学校操场下或已建地面建筑下，规模不小。除了结构上的问题外，还有防护的问题：工程的出入口和人防门、门框墙以及滤毒消波设施等，还有预留、预埋件都有问题，难以改造，且面大量广。建议对规模较大且质量和防护功能都可以进行改造的，进行改造、修复后使用；难以改造的，结合今后基本建设拆除补建；有安全隐患的，可以采取临时加固措施或拆除。

172. 常 6 级防空地下室与普通地下室相邻隔墙问题？

[问题补充] 某工程乙类防空地下室常 6 级，普通地下室室外汽车坡道出入口与防护单元 A 主要出入口共用，防护单元 B 隔墙封堵口（防护区与非防护区之间隔墙）距坡道 17m，距坡道顶盖边缘 25m，如图 8-4 所示。请问防护单元 B 与非防护区相邻的隔墙不计入常规武器爆炸产生的等效静荷载，这样做对吗？

从图上看，防护单元 A 是用坡道作为出入口的，防护单元 B 并未用坡道作为出入口。

隔墙为防护单元 B 的墙体，因与普通地下室相邻，且位于普通地下室的内部，从功能上看是应该按照与普通地下室相邻的隔墙考虑，按照《人民防空地下室设计规范》GB 50038—2005 第 4.7.8 条要求不用考虑人防荷载。但上侧防护单元 C 墙体距离坡道口较近，会受到较多冲击波效应的影响，但影响范围也是有限的，偏于安全考虑可以将此段墙体参照常规武器下的出入口部位临空墙进行取值。

对于防护单元 A 利用坡道作为出入口，口部通道和坡道均应该考虑人防荷载。

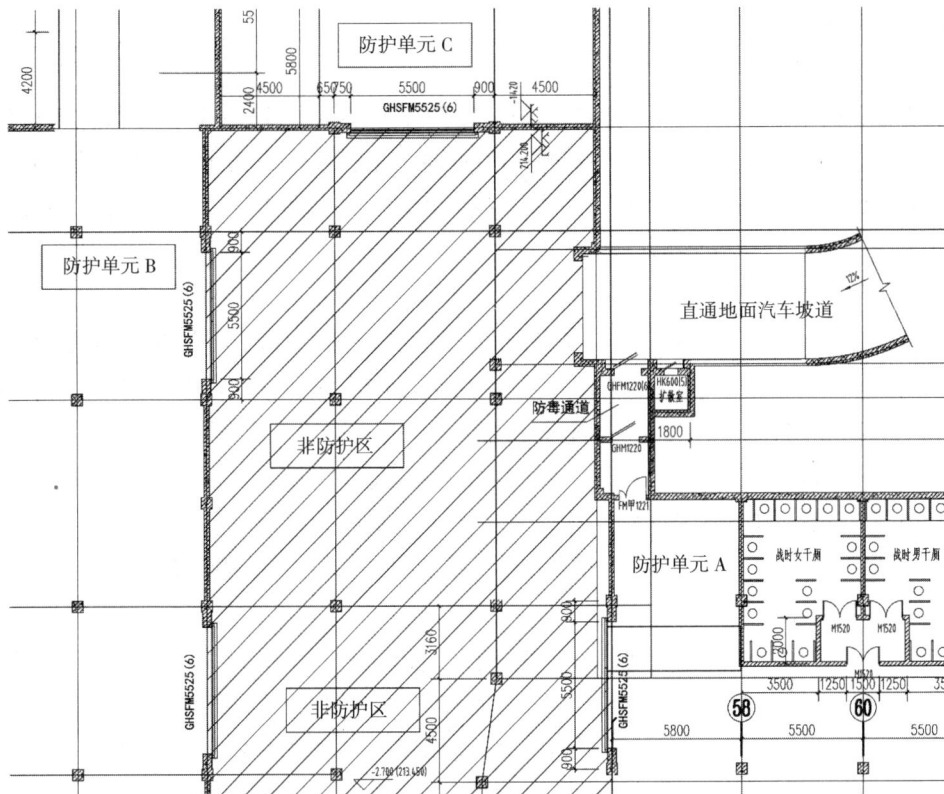

图 8-4　防空地下室示意图

需要明确的是人防口部所涉及的空间是有限的，普通地下室所涉及的空间是远大于口部的，位于普通地下室的人防墙体受力状态是不能等同于口部人防墙体，所以采用口部的荷载取值理论来定论普通地下室内部墙体荷载取值是不合适的。

173. 室内出入口在普通地下室区域，临空墙范围及荷载如何考虑？

[问题补充] 室内出入口放置在主楼核心筒，或者放置在普通地下室时（室内出入口只有靠着防护区侧是钢筋混凝土墙体，其余侧是砖墙），临空墙怎么考虑荷载？

（1）室内出入口放置在主楼核心筒时，楼梯间周围的临空墙按室内出入口临空墙考虑人防荷载？还是按普通地下室与人防工程之间隔墙考虑荷载？核心筒其余的墙体考虑荷载类型。

（2）室内出入口放置在普通地下室时，楼梯间周围的临空墙按室内出入口临空墙考虑人防荷载？还是按普通地下室与人防工程之间隔墙考虑荷载？楼梯间邻近范围的墙体怎么考虑人防荷载？

如果第（1）条和第（2）条人防墙荷载取值有差异，怎么来根据非防护区范围的面积大小来区分临空墙的荷载取值（非防护区空间越大，冲击波的扩散衰减效应越明显）？

甲类防空地下室也存在这种情况。

（1）室内出入口临空墙范围考虑如下：

当室内出入口用作非主要出入口时，除人防工程临空墙采用钢筋混凝土墙体外，其他与人防工程无关的墙体不作要求；当室内出入口用作主要出入口时，楼梯周圈均采用钢筋混凝土墙体，与人防工程相邻的墙体按临空墙考虑，其余墙体也要满足防护受力要求，保证楼梯出口畅通及安全。

（2）室内出入口临空墙荷载考虑如下：

①当室内出入口放置在主楼核心筒区域时，楼梯间周圈需要防护的墙体及楼梯间外核心筒范围内的其余临空墙，荷载均可按室内出入口临空墙荷载考虑，这样做有利于在核心筒有限的空间范围内保证楼梯出口和主口通道的畅通及安全。

在对核心筒临空墙体计算时，要注意在核心筒墙体竖向力很大的情况下，再承受空气冲击波作用仅按受弯构件计算是否安全的问题。建议先把上部荷载标准值加至墙顶后，按墙实际受力以压弯构件进行计算，然后与按纯受弯构件的计算结果比较，最后取包络设计结果。

②当室内出入口放置在普通地下室区域（如主体为普通框架结构的地下室区域）且独立围护设置时，楼梯间周圈墙体与防空地下室直接相邻，其墙体荷载应按照室内出入口临空墙荷载考虑；当不是独立围护设置，周圈基本都是普通地下室的情形下，仅对楼梯间周圈需要防护的墙体按照室内出入口临空墙考虑荷载，其余位于楼梯间以外的临空墙体荷载可按与普通地下室相邻的临空墙荷载考虑。

在对室内出入口放置在普通地下室区域临空墙体计算时，当不借用主楼的剪力墙作为临空墙时，可以按受弯构件进行计算；当借用主楼的剪力墙作为临空墙时，建议按照压弯构件和受弯构件的计算结果比较，取包络设计结果。

应该说明的是，室内出入口的位置在实际工程中会有各种情形，荷载的确定还要结合不同工程的实际情况去考虑下。

174. 竣工验收时，防护密闭门上挡墙加强梁未伸入嵌固端如何处理？

[问题补充] 竣工验收时，常发现防护密闭门上挡墙的加强梁只连接了一端柱或者两端柱都没有连接？

应该要求整改，两端应满足结构计算书的边界条件。现场验收发现上挡梁没伸入支座可按以下方法处理：

（1）原设计中有支座，是施工时未按图施工，可在上挡梁一端或两端剔凿出一段受力主筋，然后搭接一段钢筋，一端与受力主筋焊接，另一端按植筋的相关要求植入支座中，并采用高于原设计一个强度等级的混凝土浇筑。

（2）若原设计中设计漏掉了支座，可在上挡梁两端植筋增加附壁柱，将上挡梁伸入附壁柱中；也可采用将上挡梁延长至两侧翼墙作为支撑，但需重新验算延长上挡梁后，配筋是否满足计算要求，延长梁加固做法同第（1）条。

175. 若后浇带设置无法避开人防门框墙如何处理？

根据《人防工程施工及验收规范》GB 50134—2004 第 6.4.11 条，人防门框墙和防护密闭段等有防护密闭要求的部位，应一次整体浇筑混凝土；所以应根据后浇带类型和所处的具体位置综合考虑，保证人防门框墙整体浇注，并保证周边相邻结构施工阶段的承载力。

在设计中可先行确定后浇带的位置，在建筑方案中首先要采取避让原则，如果无法避让，伸缩后浇带可考虑改为加强带处理，沉降后浇带则须由结构验算改变后浇带走向及位置是否可行，如果上述方案都无法避免穿越门框墙和口部，应重新审视设计方案的合理性。

176. 负二层人防工程主要出入口经负一层时，通道必须设防护墙体？

[问题补充] 地下二层人防车库，当主要出入口（车道）经地下一层时，车道周边是否必须设置防护墙体？

首先这种设置方式并不是规范推荐的方式，如果在建筑可以避免的情况下，应该避免。如果实在不能避免，在车道范围不只要求车道范围上方的楼板不倒塌，也应要求相关支撑构件（一直到基础）在人防荷载作用下能保证安全。

推荐设置墙体，原因是更容易实现车道范围结构在人防等效静荷载作用下的安全。而如果不加墙体，其他地下一层区域和车道区域结构竖向构件差别不大，极有可能在人防荷载作用下其他区域倒塌，导致车道区域破坏或堵塞，增设的墙体可以最大程度上避免这些情况的发生。另外还要注意如果增设的墙体开有较大的洞口时，对洞口也要采取防堵塞措施（如增加孔口封堵、加固洞口外非防护区侧部分区域、避免倒塌等措施），避免非防护区侧的倒塌物大量涌入人防通道区域。

对于不设置墙体的情况，车道范围的楼板、柱基础等构件不但要满足与地下室同级别的等效静荷载作用要求（当位于倒塌范围还要满足防倒塌的要求），而且要采取保证通道不被两侧倒塌物堵塞的措施，如加宽车道上方楼板宽度，控制塌物自然堆积的边界，避免倒塌物进入车道等。

177. 主要出入口至室外地面经过的非防护区顶板需考虑人防荷载吗？

[问题补充] 甲类人防工程，如图 8-5 所示，主要出入口出地面后是非防护区地库顶板，非人防区阴影部分是否要考虑人防荷载？

首先需要明确一下出地面段的含义。规范中对于主要出入口的界定有一个很重要的概念叫"出地面段"，这个"出地面段"本质上是要求出到实土地面的，而非地下室或者建筑物某个位置上面的覆土区。问题所提到的情况是工程设计中常见的情况，但是不符合"出地面段"的概念。

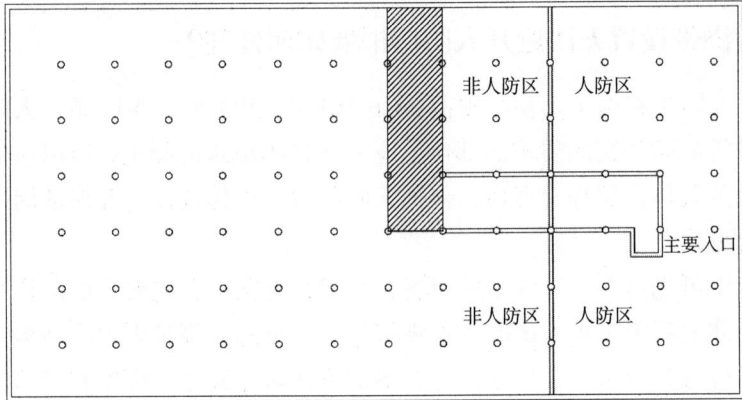

图 8-5   主要出入口通过非防护区示意图

  如果出现问题所提及的情况，首先结合建筑看是否能修改口部位置，将出地面段放在实土地面，如果确无可能的情况下，必须经过非防护的顶板，则需要将口部到达实土地面的所经通道区域考虑人防荷载，包括梁、板、墙、柱、基础。

178. 负一层为半地下室，负二层乙类人防工程顶板是否计入爆炸荷载？

  [问题补充]《人民防空地下室设计规范》GB 50038—2005 第 4.7.2 条第 2 款"当防空地下室位于地下二层及以下各层时可不考虑常规武器冲击波影响"，对于负一层半地下室或者负一层的外墙有门窗洞口、顶板带采光窗的情况，或者地下一层为砖混结构时，位于地下二层及以下各层的防空地下室顶板，是否可不计入常规武器等效静荷载？

  从《人民防空地下室设计规范》GB 50038—2005 第 4.7.2 条第 2 款的条文解释来看，地下二层不计入等效静荷载原因是，由于常规武器冲击波衰减快，荷载值很小，可以忽略不计。

  规范第 4.7.7 条第 2 款提出："防空地下室室内出入口内侧至外墙外侧的最小水平距离大于 5.0m 时，室内出入口门框墙、临空墙可不计入常规武器地面爆炸产生的等效静荷载。"这条将冲击波的距离与荷载的关系做了一定量化，可以参照此原理，来理解。

  按照上述原则，可分为以下三种情形：

  情形 1：对于负一层外墙开有采光窗洞的半地下室或者负一层为砖混结构，地下二层顶板应计入常规武器等效静荷载，等效静荷载可以按考虑上部建筑影响取值；地下三层及以下各层可不计入常规武器等效静荷载，如图 8-6 所示。

  原因：冲击波可以直接由外墙开有采光窗洞进入负一层地下室空间，不能很好地达到情形 3 延长冲击波路径的效果，负二层顶板受力更类似于顶板位于负一层的受力情况，所以地下二层顶板计入常规武器等效静荷载更加安全合理些；对于砖混结构，因材料呈脆性状态，且抵抗水平冲击波的能力差，破坏和倒塌概率很大，同样也达不到情形 3 延长冲击波路径的效果，所以其地下二层顶板也宜计入常规武器等效静荷载。

情形 2：对于负一层为全埋式，一般情况下地下二层及以下各层顶板可不计入常规武器等效静荷载。但对于外墙开有较多采光窗洞时，地下二层宜计入常规武器等效静荷载，等效静荷载可以按考虑上部建筑影响取值；地下三层及以下各层可不计入常规武器等效静荷载，如图 8-7 所示。

常规武器地面爆炸空气冲击波平行地面传播，冲击波通过外墙采光窗洞进入负一层地下室空间为扩散进入，峰值压力有较大衰减，进入的量值与竖井（或开口）平面尺寸相关，平面尺寸越大，峰值压力越小，且负二层板面暴露于窗井下的面积不大，距离室外地面也较远（大多都在 4~6m），故此情形可按防空地下室设在地下二层考虑，不计入常规武器等效静荷载；但对于外墙开设采光窗井过多（比如窗孔宽度之和超过整面墙体的 1/3），就会导致冲击波在负一层扩散效应明显，负二层板面暴露于窗井下的面积也会过大，所以建议该情况下地下二层宜计入常规武器等效静荷载。

情形 3：对于负一层无外墙窗洞口，仅顶板开设有采光窗或土建洞口的情况（包括半地下室），地下二层及以下各层顶板可不计入常规武器等效静荷载，如图 8-8、图 8-9 所示。

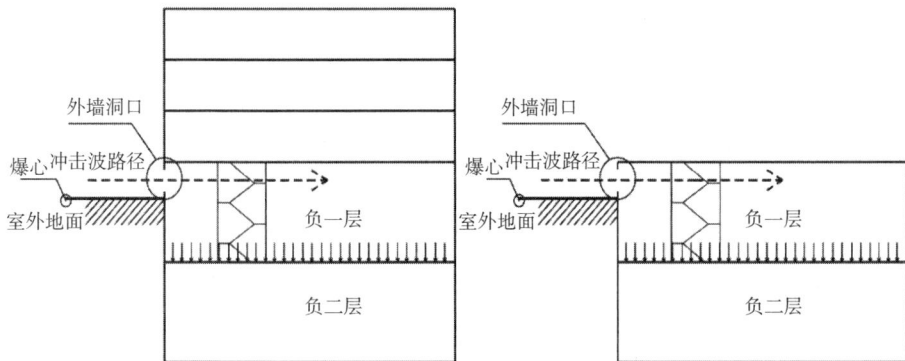

图 8-6　半地下室外墙开洞（情形 1）

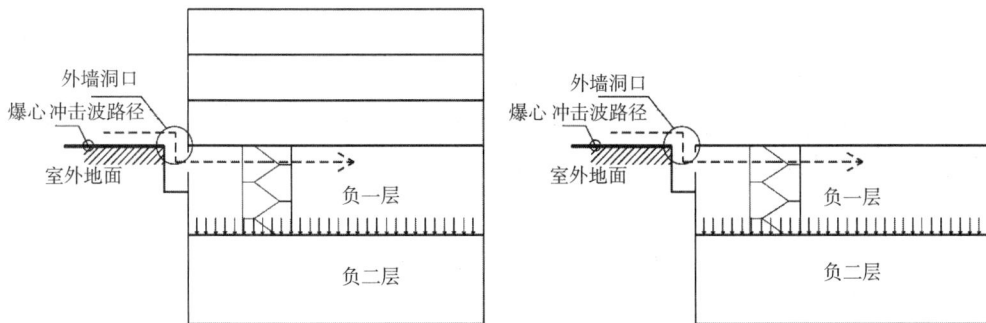

图 8-7　全埋地下室外墙开洞（情形 2）

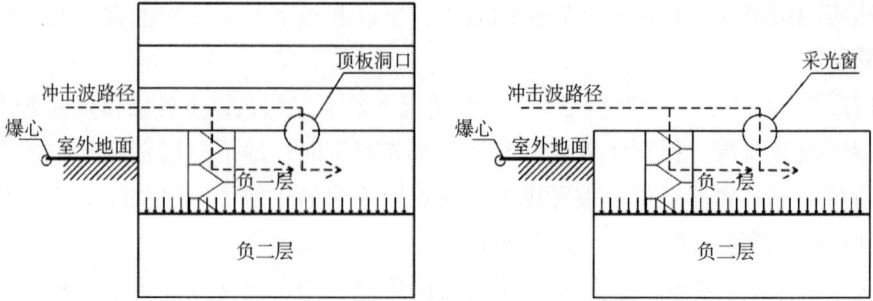

图 8-8　半地下室顶板开洞（情形 3）

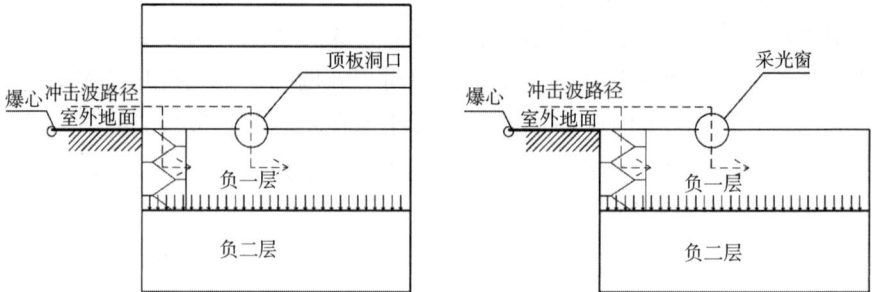

图 8-9　全埋地下室顶板开洞（情形 3）

原因：此为规范所表达的基本情形。对于上方有四周封闭的负一层地下室，考虑以下几个因素：

（1）当爆炸冲击波掠过顶板洞口或垂直于气流方向的楼梯时，垂直速度分量变成零，进入负一层的冲击波仅是扩散和膨胀引起；

（2）楼梯或采光窗在顶板开洞面积有限,而且负二层距离负一层顶板有一定距离，爆炸冲击波扩散进入后，峰值压力会产生较大的衰减；

（3）负二层距离爆心距离相对较远，常规武器爆炸空气冲击波衰减快。

所以从整体来说负二层顶板等效静荷载已非常小，可以考虑不计。

179. 人防门框在底板设置后浇施工槽时，需设止水钢板吗?

[问题补充] 人防门安装时有在门框下门槛处的底板位置设置后浇施工槽的做法（方便后期门框角钢预埋），当浇筑后浇施工槽混凝土时，新旧混凝土结合位置是否需要设置止水钢板或止水胶条？

如果后浇施工槽，未穿透底板，槽底剩余底板厚度较大（具体槽底剩余底板厚度可根据具体情况，最低不能小于 250mm），可以考虑不增加止水钢板或止水胶条；如果后浇施工槽穿透底板或槽底剩余的底板厚度较薄，应考虑增加止水钢板或止水胶条，毕竟在人防下门槛设置的底板后浇槽与原底板已浇筑混凝土间形成了施工冷缝，且由于后浇槽浇筑范围受限，很难振捣密实，设置止水钢板或止水胶条对防水有利，也符合规范要求。

目前，现场也有采用底板钢筋绑扎完成后就将门框角钢校准固定好，门框下挡墙部分与底板一同整浇混凝土的方案，这样可以避免在底板留设后浇槽导致施工冷缝的问题。

180. 后浇带不能穿过防护设备？

主要有以下两方面考虑：

（1）设置后浇带的两侧结构通常都要产生水平或竖向变形、位移，设置在后浇带上的防护设备或预埋框也会发生变形，从而影响防护设备的安装和使用性能；

（2）防护设备部位通常有密闭要求，若设置后浇带，则影响该部位的结构整体性，从而削弱该部位的密闭性能。所以《人民防空工程施工及验收规范》GB 50134—2004 在第 6.4.11 条作为强制性条文规定：工程口部、防护密闭段、采光井、水库、水封井、防毒井、防爆井等有防护密闭要求的部位，应一次整体浇筑混凝土。

181. 普通地下室未布置拉结筋，能改造为防空地下室？

[问题补充] 当非人防工程结构计算满足《人民防空地下室设计规范》GB 50038—2005 有关条文规定要求，但工程实体未布置拉结筋时，是否可以考虑将该工程改造为防空地下室？

这个问题不能简单说可以或者是不可以，要具体问题具体分析确定。

首先现在工程没有拉结筋是不符合人防工程相关规范的规定的。如果单从技术角度分析，就要分析拉结筋的作用。

（1）拉结筋不仅能提高人防结构整体抗爆炸破坏的能力，还能提高板的抗剪（冲切）能力。在等效静荷载确定过程中，由于抗剪误差较大，所以按等效静荷载法确定结构内力并进行配筋时，往往是结构板会出现支座冲切破坏。所以规范对抗冲切提出更高的要求。

（2）在高抗力的工程中，如 5 级防空地下室，板的厚度不一定是由受弯计算确定的，有时由抗冲切厚度确定，或者说是"板厚 + 拉结筋"才能满足抗冲切受力要求。

（3）从构造上来看，人防结构的构造要求类似于抗震结构，抗震结构的构造要求在"大震"情况下发挥作用，人防结构的构造要求在大于设防抗力级别的荷载作用下发挥作用。曾有专家做过无梁楼盖的破坏性爆炸试验，在远远大于设计荷载作用下，楼盖开裂破坏呈"豆腐块"大小分布，但没有坍塌，得益于"上下钢筋网通过拉结钢筋连接形成空间网架结构"。

所以，从技术角度考虑，如果工程构件未设置拉结筋，要改造为人防工程，最少要考虑两个因素：

（1）要对构件进行动载工况下的抗剪、抗冲切验算；

（2）还要考虑拉结筋对整体坍塌的贡献。比如对于核武器由于是整体作用，所有拉结筋都要发挥作用，未设拉结筋的非人防工程就不适合改造为人防工程，综上所述，不建议改造为甲类人防工程，改造为乙类人防工程时，应依据实际工程改造条件是否满足的情况下谨慎考虑。

182. 自动扶梯口部作为人防孔口时，结构设计应注意哪些问题？

[问题补充] 当自动扶梯口部作为人防孔口时，结构设计应注意哪些问题及应采用什么形式的防护设备？

考虑到自动扶梯不能作为人防疏散楼梯，人防疏散需要单独设置楼梯或坡道，所以一般防空地下室是将自动扶梯设在人防防护区以外，采用防护墙体和人防门将人防地下室内部和扶梯空间分隔开，将扶梯所处空间划入非防护区，这样对扶梯出顶板的孔口也就不需要再进行封堵处理。

采用以上的处理方案也能够满足《人民防空地下室设计规范》GB 50038—2005第 3.3.26 条对于电梯设置在防护区外的要求。但对于地铁工程由于兼顾人防的需要，自动扶梯一般不采取将自动扶梯设在防护区外的围护处理方案，采取的多为对扶梯孔口进行水平封堵的形式。

比如地下一层站厅层不设防，地下二层站台层设防，站台层顶板电扶梯水平洞口需要水平封堵。对于此类情况，目前常见的有两种封堵方案，即战时需拆除自动扶梯和战时不需拆除自动扶梯两种：

（1）战时需拆除自动扶梯方案：楼扶梯口四周平时预埋钢门槛及相应构件（不影响平时通行），战时拆除自动扶梯，采用钢结构防护密闭封堵板进行战时封堵。

（2）战时不需拆除自动扶梯方案：楼扶梯口三边平时设置混凝土墙（高于自动扶梯扶手），墙体顶部预埋钢门框及相应构件，墙体装修采取适当的伪装措施，便于战时拆卸；楼扶梯口第四边（人员出入口方向）采用钢结构防护密闭封堵板进行战时封堵，平时预埋好钢门槛及相应构件（避开自动梯预埋构件），门槛与建筑面层齐平即可。楼扶梯洞口战时若不拆除自动扶梯，临战转换快捷方便，战后恢复快；若采用滑轨式封堵板封堵，操作简单，过程安全可靠，避免普通封堵板安装困难（尤其是洞口中间位置的吊装安装）的难题。

因自动扶梯洞口尺寸较大，封堵构件数量较多，平时配备相应数量运输叉车，设计过程中应配合预留好足够的藏门间及相应的运输路线，建议尽量同层就地存放，尽量缩短运输路线。

第 9 章
工程材料要求

183. 砌体结构材料强度问题？

[**问题补充**]《人民防空地下室设计规范》GB 50038—2005 第 4.11.1 条关于材料强度等级的规定中，砌体材料强度是指砌体结构的强度还是指框架或框剪结构中砌体填充墙的强度？

《人民防空地下室设计规范》GB 50038—2005 第 4.11.1 条中规定的材料强度等级，对于钢筋混凝土结构，是针对承受人防竖向或水平向荷载的外墙、临空墙、防护单元隔墙以及梁、板、柱等构件的要求；对于砌体结构，指的是对砌体承重墙的要求，而不是对框架或框剪结构中的砌体填充墙的要求。由于砌体填充墙主要起填充围护和抗震作用，既不作为承重墙考虑，也不考虑承担爆炸动荷载的作用，故砌体材料强度按《砌体结构设计规范》GB 50003—2011 和《建筑抗震设计规范》GB 50011—2010（2016 年版）中的要求取值就可以了。

对于砌体结构，通常有两种情况：一种是外墙、内墙均采用砌体；另一种是外墙采用钢筋混凝土，内墙采用砌体承重墙，对于这两种情况，砌体都属于承重砌体。

目前在我国西北地区，由于地下水位低，在老旧工程中，可能还会有少量的砌体结构人防工程，实际上，随着经济发展，极少有人防工程采用砌体结构了。

184. 附建式人防工程顶板混凝土是否采用防水混凝土？

防空地下室顶板采取防水措施的主要目的是满足密闭防毒要求。根据经验，混凝土结构密闭防毒要求与防水要求原理相同，能够防水就能防毒，所以《人民防空地下室设计规范》GB 50038—2005 第 3.8.3 条要求："上部建筑范围内的防空地下室顶板应采用防水混凝土。"并且在条文说明中做了如下解释："上部建筑范围内的防空地下室顶板的防水一般是容易忽视的，为保证防空地下室的整体密闭性能，防空地下室的防水十分重要。所以附建式民防工程顶板混凝土虽然可能不直接和土体接触，但也应采用防水混凝土。"

185. 人防内墙及与普通地下室之间隔墙要采用抗渗混凝土吗?

[问题补充] 人防构件的抗渗问题,地下室顶板(无论有无覆土)及外墙,底板都采用抗渗混凝土,那么人防内墙及与普通地下室相连的隔墙是否需要采用抗渗混凝土?

根据人防工程特殊整体气密性的要求,人防工程内部钢筋混凝土墙体多为防毒墙体,所以仍有气密性要求,宜与顶底板、外墙一样做好防水抗渗措施;人防工程与普通地下室及口部外通道相连的隔墙及临空墙,更是人防工程整体气密性的保证墙体,应为防水抗渗墙体。

186. 上部为普通地下室,负二层人防顶板要采用抗渗混凝土吗?

[问题补充] 在地下二层建筑中,人防工程位于地下二层,人防顶板上部为地下空间,顶板是否必须采用抗渗混凝土?

根据《人防防空地下室设计规范》GB 50038—2005 第 3.8.3 条上部建筑范围内的防空地下室顶板应采用防水混凝土,当有条件时宜附加一种柔性防水层。地下二层上部存在建筑物,应该参照此条执行采用防水混凝土。

防空地下室顶板采用防水混凝土的目的是保障地下室整体的密闭防毒要求。混凝土结构密闭防毒要求与防水要求原理相同,故对有密闭防毒要求的构件,才提出了防水要求,理解了这一点,人防工程顶板、底板、外墙、防护单元隔墙、染毒区与清洁区之间隔墙等构件,均应为防水混凝土,并做好防水技术措施。

《人民防空地下室设计规范》GB 50038—2005 第 3.8.2 条要求防空地下室的防水设计不应低于《地下工程防水技术规范》GB 50108—2008 规定的防水等级的二级标准。按照二级防水要求地下室围护结构要进行(防水混凝土 + 防水层)的两道设防,所以作为围护结构的顶板也必须采取防水混凝土。

187. HRB500 级钢筋的材料提高系数如何取值?

[问题补充] 规范中对没有涉及的高强钢筋(如 HRB500)的材料强度综合调整系数如何取值?

[相似问题] HRB500 级或以上等级的钢筋,材料强度综合调整系数要如何考虑?可否执行山东省标准《热轧带肋高强钢筋应用技术规程》DB37/T 5012—2014 第 4.0.2 条第 2 款,防空地下室结构 400MPa 和 500MPa 级钢筋的材料综合调整系数可分别取 1.20 和 1.10?

早期的研究表明,钢筋的材料强度提高系数与钢筋强度标准值大致呈线性关系。在《防空地下室结构设计手册》RFJ 04—2015 第一册表 2-7-1,HRB500 级钢筋的材料强度综合调整系数按照 1.10 取值。由于钢筋材料发展很快,有部分省份推行了更高强度的钢筋材料，如江苏省有《T63 热处理带肋高强钢筋混凝土结构技术规程》321182—R046—2016 地方标准，也可参考地方标准或相关权威资料采用。

如果有更新的材料及更高强度的钢筋时，在没有相关技术资料和标准可参考的情况下，可不考虑材料强度的动力提高，按材料强度综合调整系数 1.0 取值。

188. CRB600H 等是否可用于人防工程中？

[问题补充]《人民防空地下室设计规范》GB 50038—2005 第 4.2.2 条严格限制冷加工钢筋在人防工程的应用，主要是考虑其延性差，随着时代发展和绿色建筑兴起，诞生了很多高延性强度的冷加工钢筋，其延性甚至优于 HRB400 等钢筋，且强度较高，如 CRB600H 等是否可用于人防工程中。

CRB600H 为高延性冷轧带肋钢筋，《人民防空地下室设计规范》GB 50038—2005 第 4.2.2 条中明确规定"防空地下室钢筋混凝土结构构件，不得采用冷扎带肋钢筋，冷拉钢筋等经过冷加工处理的钢筋"。规范的要求不只是考虑其延性一个指标，而是考虑在爆炸动荷载作用下，结构材料由于快速变形而呈现的多种动力性能，即使延性很好，也无法避免突然性的脆性破坏。人防规范对材料及其提高系数的最终选用，均是在爆炸荷载作用下进行了多次受弯、轴压、偏压和受剪性能试验得出的，考虑材料的伸长率、屈强提高、与混凝土等材料粘结情况下的塑性变形能力、屈服台阶长度、极限强度应变、极限剪切强度、响应时间等多方面的因素，而且动荷载情况下材料的拉力强度提高值、剪切强度提高值肯定是有差别的，所以不应因为某一项指标高就判定 CRB600H 可以用于人防结构，是否可以使用该材料需要试验确定，同时修编规范，调整规范的材料使用范围和强度提高系数。

189. 人防风井出地面段可采用柱子加梁板框架结构吗？

[问题补充] 人防风井出地面段是否应该采用混凝土墙体？可否采用四角柱子加顶层梁板的框架形式？

根据《人民防空地下室设计规范》GB 50038—2005 第 4.8.10 条的条文解释，出地面段由钢筋混凝土柱和非承重的脆性维护构件组成，不宜采用钢筋混凝土墙。

这是因为，开敞式棚架在核爆动荷载作用下，当冲击波的运动方向与构件表面垂直时，则作用在柱正面（迎爆面）和背面的合成荷载为正面的动压作用，作用在柱两侧面的合成荷载为零。当冲击波运动方向与顶板面相平行时，作用在顶板上下的合成荷载等于零。所以，开敞式防倒塌棚架只需考虑按作用在檐口、边梁和每一根柱正面冲击波水平动压作用。如果采用钢筋混凝土墙，结构将同时受空气冲击波正压和动压作用。

190. 主要出入口楼梯间采框架结构加填充墙是否可行？

[问题补充]人防楼梯间的围护墙是否必须采用混凝土墙体。与地面结构相同的框架主梁＋梯柱梯梁＋填充墙的形式是否可行？

根据现行的《人民防空地下室设计规范》GB 50038—2005 的有关规定，人防工程主要出入口的楼梯间围护墙是临空墙，其承担着防护和密闭功能要求，应采用钢筋混凝土墙体，对于主要出入口四周墙体与非人防区之间的隔墙，也不能采用框架主梁＋梯柱梯梁＋填充墙的形式，因为填充墙受空气冲击波的作用，会造成填充墙倒塌，从而堵塞人防门；次要出入口的楼梯间与人防区相邻的围护墙也是临空墙，应采用钢筋混凝土墙体，与非人防区相邻墙体为普通墙，可以采用普通砌体，而且由于次要出入口在战时进行封堵，楼梯梯段板和人防层以外的楼梯间围护墙无须按防护要求设计，所以人防层以上的非人防层楼梯间围护墙结构，可以采用与地面结构相同的框架柱梁＋梯柱梯梁＋填充墙的形式。

191. 防空地下室内部砌体隔墙材料强度要求？

《人民防空地下室设计规范》GB 50038—2005 第 4.11.1 条中所指的材料是承重构件材料，例如采用砌体结构形式，相应的材料等级不得小于规范所规定的具体要求。详见第 4.11.1 条、第 4.2.1 条条文说明。填充隔墙不用满足此条要求。

192. 水泥砂浆防早期核辐射取换算系数 1.0 是否妥当？

[问题补充]《人民防空地下室设计规范》GB 50038—2005 第 3.2.3 条中防辐射材料的换算系数未提及水泥砂浆，很多人防顶板面层均为水泥砂浆地面，在设计中将水泥砂浆参照钢筋混凝土和石砌体取 1.0 是否妥当？

防辐射的效果与原子序数、材料的密度和防辐射层厚度有很大关系。

（1）从原子序数方面考虑。原子序数越高、密度越大的物质对核辐射的阻挡效果越好。原子序数可以理解为元素在周期表中的序号。拥有同一原子序数的原子属于同一化学元素。水泥砂浆是水泥、水、砂按一定的比例搅拌而成；普通混凝土是水泥、水、砂、石子按要求的配合比搅拌而成。混凝土和水泥砂浆都是以水泥为粘结材料的混合材料，区别是混凝土中掺加了碎石或卵石的粗骨料，而水泥砂浆仅有砂为细骨料。它们的原始组成材料大致相同，因此从原子序数方面，可粗略地认为它们大致相同。

（2）从密度方面考虑。普通混凝土的密度是 2400kg/m³，普通水泥砂浆的密度是 2000kg/m³。实心砖砌体的密度是 1800kg/m³，块石砌体的密度是 2240~2640kg/m³（一般块石有花岗石块石、砂石块石等），空心砖的密度是 960~1030 kg/m³，普通土的密度是 1800 kg/m³。可以看出，水泥砂浆的密度与实心砖砌体的密度更接近。

（3）水泥砂浆，特别是作为地面和墙体装修层的水泥砂浆，由于设计未给出强度要求，一般是不做试块的，所以密度很不稳定，导致其防辐射效果也不稳定；作为装修层其厚度也不是一个精确的值，其厚度是根据结构面平整度进行调整，这也会导致防辐射厚度不确定性。

综合上述分析，如果计入水泥砂浆的防辐射厚度，按照不大于 0.7 取值为宜，但要保证砂浆层厚度的准确性和其密度的稳定性，建议作为防辐射层的砂浆层留置砂浆试块。

193. 防空地下室内覆土层较厚时，排水沟是否可做成砌体吗？

防空地下室内排水沟不承受人防荷载作用，排水沟可以做成砌体但应采取防水措施，以免渗漏。应该注意的是，防空地下室中的排水沟，在不同防护单元之间要相互独立，不得连通。

194. 新型复合材料人防门传递到门框墙荷载反力系数如何确定？

[问题补充] 新型复合材料（纤维增强）人防门门扇荷载传递到门框墙的反力系数如何确定？

《人民防空地下室规范》GB 50038—2005 对门扇传递给门框墙的反力系数只给出了平板混凝土门的反力系数表，表 4.7.5-2 和表 4.7.5-3；钢结构门反力系数可以参考人防工程设计规范，一般对于双扇钢结构门可以按照上下挡墙各 1/2 分配，左右挡墙按照双向受力形式分配。对于新型复合材料门不属于常规选用的防护设备，需要厂家提供门受力模型，由设计分析确定反力系数或者由厂家给出传递到门框墙反力系数参考值。如果没有相关参数的情况下，也可以参照人防规范，按与复合材料人防门导荷方式相近的原则选取相应反力系数计算。

第 10 章
施工相关问题

195. 塔式起重机是否可以设置在人防工程内？有哪些注意事项？

塔式起重机设在人防工程内，其实质是在塔式起重机四周会产生施工缝，人防工程是允许有施工缝的，因此塔吊是可以设在人防工程内的。但设置时应注意以下事项：

（1）塔式起重机不宜设在人防口部位置（含竖井式出入口）、人防封堵位置、人防门位置。

（2）塔式起重机在顶板和底板洞口四周产生的施工缝可参照板后浇带做法在板中增设止水钢板或遇水膨胀止水条。

（3）塔式起重机洞口四周板钢筋应预留出搭接长度，且洞口四周板筋附加钢筋不少于钢筋截面面积的 50%。

（4）塔式起重机拆除后用高一级膨胀混凝土浇筑密实。

196. 人防工程外墙、内墙、临空墙、单元隔墙如何留置施工缝？

[问题补充] 人防施工验收规范要求外墙施工缝留置在底板以上 500mm，对于内墙、临空墙和单元隔墙是否可留置在底板顶面？

按照普通民用建筑标准，外墙施工缝位置一般设置在距离底板顶面不小于 300mm 的位置，这与《地下工程防水技术规范》GB 50108—2008 的要求是一致的，内墙没有做施工缝位置的要求，一般都是留置在底板顶面。

对于人防工程，外墙受力状态和所处环境与一般民建工程相当，可以按照 500mm 留置；内墙不受水平冲击波作用，受力状态与一般民建工程类似，施工缝可留置在底板顶面；但对于临空墙和单元隔墙因其受到水平向冲击波的作用，墙体的根部受到垂直于墙体剪力较大，有必要将施工缝位置上移，按照《人防工程设计大样图结构专业》RF 05-2009-JG 第 9 页的要求是留置在底板顶 500mm 的位置。在实际应用中，对防空地下室工程有将临空墙和单元隔墙施工缝留置在底板顶面的情况，这主要是考虑与民用剪力墙施工缝位置好统一，也便于施工，但这样做需要在设计时注意以下几点：

（1）应用范围控制在抗力级别 5 级及以下的甲、乙类防空地下室工程；

（2）对于墙体根部可考虑适当减小拉筋间距，范围可以按底板顶不小于 500mm 控制；

（3）在抗剪计算中墙体根部给予一定的富余量；

（4）适当增加墙厚或墙体根部的厚度，提高其抗剪能力。

（注：2~4 的措施可在实际应用中选择一项或多项。）

197. 后浇带能否穿临空墙？

《人民防空工程施工及验收规范》GB 50134—2004 第 6.4.1 条："工程口部、防护密闭段、采光井、水库、水封井、防毒井、防爆井等有防护密闭要求的部位，应一次整体浇筑混凝土。"临空墙不属于上述情况，后浇带可穿过。建议为保证密闭性，可按照图集预留止水条或钢板止水带。

198. 封堵构件战时堆砂袋，堆砂袋具体做法是？

[问题补充] 封堵构件临战时外堆砂袋，《防空地下室建筑设计》07FJ01~03 中有描述，但是外堆砂袋具体做法为何规范没有提及？

封堵构件临战时外堆砂袋主要是防早期核辐射的要求，规范给出了不同工程防早期核辐射的要求，外堆砂袋按照建筑图集堆放时，满足对应的尺寸要求即可，对堆放方式并没有要求。

人防定额中给出砂袋是采用普通编织袋加砂土堆砌而成（较便宜），在地方平战演练中采用小的防洪帆布袋加砂土堆砌而成（造价较高）。具体根据当地经济实力而定。

199. 人防门门框安装时，应如何对门框采取约束措施？

[问题补充] 人防门门框安装到位后，为保证人防门门框的安装精度，应如何设置门框的固定装置和采取何种约束措施？

人防门框一般由专业的人员或设备厂商来负责安装，其固定采用钢管支撑，双开大门及封堵大门的门框可在两侧采用双面四撑，门框制作应严格按加工图集要求制作框内撑。

200. 人防门门框墙下槛梁施工及人防门框安装应注意什么？

[问题补充] 当人防门门框墙下槛梁设计为"暗梁"时，下槛梁的设计、底板的施工及人防门框的安装应注意什么？

防护门或防密门下门槛设计为暗梁，这种说法不太规范。下槛设计可按照《人民防空地下室设计规范》GB 50038—2005 第 4.10.12 条，按照悬臂构件计算，或按增加下挡梁设计。底板施工应注意下门槛应与底板整浇，门框位置、平整度、垂直度应控制好。

201. 防护密闭门门框墙预埋门锁盒会截断竖向钢筋，该怎么处理？

[问题补充] 防护密闭门门锁盒尺寸一般为 110mm×110mm，而按标准图集《钢筋混凝土门框墙》07FG04，人防防护密闭门门框墙竖向钢筋是紧贴门框墙布置的，那么如果预埋门锁盒就要把竖向钢筋截断，请问该怎么处理？

涉及施工顺序问题，可先竖门框，门框定位后再扎钢筋，可有效避免截断钢筋情况出现。当钢筋间距小于 110mm 时，可局部采用加大钢筋直径，扩大钢筋间距，避开门框闭锁盒位置的做法。如果现场竖向钢筋已截断，可采用废弃已截断钢筋，按上述做法重新绑扎钢筋并避开闭锁盒，或者对已截断钢筋进行恢复和补强处理。

202. 防空地下室的墙体在施工支模时有何要求？

防空地下室的墙体在施工支模可以按《人民防空工程施工及验收规范》GB 50134—2004 第 6.2 节和《人民防空工程质量验收与评价标准》RFJ 01—2015 第 6.4 节要求施工。

203. 超深防空地下室采用泄水孔时，防护设计如何实现？

[问题补充] 超深防空地下室采用泄水减压方式设计时，通过贯穿结构的泄水孔由外向内泄水减压达到减小水压力的目的，此种设计一般配合支护和止水帷幕深入到不透水层，结合整个建筑寿命期内地下水渗流的分析，可以实现预期降低水压力荷载的目的，如图 10-1 所示。如果为防空地下室，此时结构的防护设计如何实现？

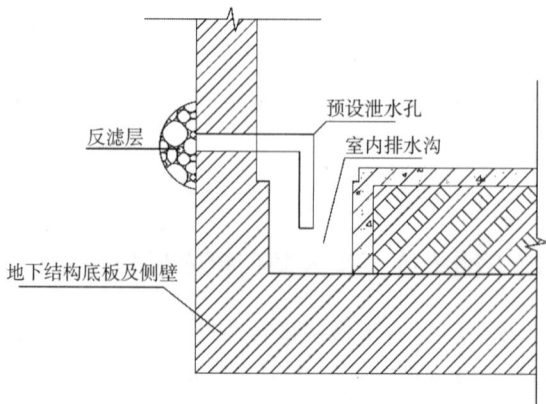

图 10-1   超深防空地下室泄水孔示意图

这是最近几年发展起来的一种新型泄压抗浮措施，战时人防防护外墙处土体深层渗流从人防区排水，渗流管很小，一般在 50~100mm 之间，施工时按图做好结构预埋和加强措施可以不考虑战时结构防护问题，问题就转化为人防防化学武器沾染的密闭处理问题。

分两种情况，如果外部土体分层全部为透水层，就需要采取密闭措施，这种情况比较极端，排水管数量巨大，全部采用闸阀处理第一没有操作空间，第二转换工作量太大，第三也会影响战时结构泄压抗浮，为此，设计可以考虑对室内排水沟进行结构全封闭防护，将水引到非防护区，防护区内也可在转角处预留检查口，临战进行水平封堵。

常规地质条件下，外部土体上部都有粘性土等不透水层，在回填时相应部位原状封闭，可以不考虑深层渗流的防化学沾染，就不需要做防护密闭。

考虑这种方法在平时需经常抽地下水，不利于城市地下水位的控制，是否可以采用需结合当地政府部门意见。

204. 逆作法施工时，对人防工程的顶板、中楼板开孔有什么要求？

地下工程在施工时，有多种施工方法，逆作法就是其中之一。逆作法就是先施工周边围护及完成立柱等竖向结构，利用主体地下室结构的全部或一部分作为支护结构，自上而下施工地下结构并与基坑开挖交替实施的施工方法，各层采用暗挖法（或半暗挖法）挖土，为此，地下各层的顶板和中板上需要预留出土、运送材料、通风等孔洞。一般取土孔应结合结构的预留洞口、楼梯间、主楼部位、电梯井等，设置在各挖土分区的中间位置，并满足挖土分块的流水需要，而且各层楼板和顶板的洞口位置宜上下对齐。对于人防工程，预留洞口时施工单位与人防设计单位应加强协调，防空地下室室内允许开临时出土口，其封闭的方法按一般地下室的要求即可。但防护密闭门、密闭门、防爆波活门和临战封堵门框的部位若分两次施工，难以满足门框的平整度和垂直度的要求。故出土口的设置宜避开防毒通道、密闭通道以及影响防护密闭门、密闭门、防爆波活门和临战封堵门框的部位。

第 11 章
特殊结构及构件形式

205. 能否采用有粘结的预应力混凝土无梁楼盖结构?

对于无粘结预应力结构,由于结构构件允许产生的塑性变形和屈服开裂会造成预应力丧失,导致结构构件失去承载能力,故不得用于防空地下室。对于有粘结预应力结构,规范没有禁止使用,但由于没有试验资料,规范中未提及,设计时应尽量避免使用。当实际应用中要适当降低预应力度,增加非预应力筋的数量,以更好地达到提高构件延性的目标。

206. 楼盖采用大跨度预应力叠合板时的计算和节点构造要求如何考虑?

大跨度预应力叠合板仍属于叠合板的范畴,仍可以采用叠合板的相关规范。需要注意的是区格较大,要合理选用采用单向或双向叠合板,或者 PK 预应力叠合板,如选用叠合板跨中承载力较弱时,可考虑增加梁减小跨度。

对于叠合板构造上,除满足混凝土规范、图集及叠合板厂家的标准要求外,还要满足《人民防空地下室设计规范》GB 50038—2005 第 4.11.13 条对叠合板的构造要求:"叠合板的构造应符合下列规定:

(1)叠合板的预制部分应作成实心板,板内主筋伸出板端不应小于 130mm;

(2)预制板上表面应做成凸凹不小于 4mm 的人工粗糙面;

(3)叠合板的现浇部分厚度宜大于预制部分厚度;

(4)位于中间墙两侧的两块预制板间,应留不小于 150mm 的空隙,空隙中应加 1 根直径 12mm 的通长钢筋,并与每块板内伸出的主筋相焊不少于 3 点;

(5)叠合板不得用于核 4B 级及核 4 级防空地下室。"

在计算上,由于人防叠合板在低级别人防荷载下与整体现浇混凝土结构具有相同的承载能力,可以按照混凝土规范对于叠合板的要求进行计算,需要注意在叠合板第二阶段验算中,要增加战时荷载组合。

207. 人防工程的顶板是否可以采用装配式结构？

[**问题补充**] 设计中经常遇到甲方提出在人防工程的顶板采用装配式结构。

《人民防空地下室设计规范》GB 50038—2005 第 4.11.13 条规定了叠合板的构造，只是不得用于核 4B 级及核 4 级防空地下室。所以核 5 级和核 6 级防空地下室顶板采用装配式结构从规范角度是允许的，但是也不建议在人防工程的顶板采用装配式结构，原因如下：

（1）整体性不好。根据调查，目前国家政策针对地下工程没有装配率要求，通常说的装配率只考虑地上建筑。地下室顶板防护要求和防水要求较高，且承担荷载较大。装配式结构顶板采用叠合板分为预制部分和现浇部分，预制部分的接缝往往处理不好，容易产生渗漏，也会影响民防工程的防护密闭性，而现浇结构整体性会更好。

（2）装配式结构的工程造价高于普通梁板结构。装配式结构宜采用梁板结构。并需要增设次梁划分为小区格的形式，工程层高相对无梁楼盖结构将增加；层高增加造价也会增加，表现在土方量增加、基坑支护费用增加、抗拔桩数量增加、墙柱计算高度增加导致墙体配筋增加。

208. 对密肋板、空心板有人防设计技术规程等文件吗？

[**问题补充**]《人民防空地下室设计规范》GB 50038—2005 第 4.11.3 条明确防空地下室顶板可以采用密肋板、空心板，此种结构形式可以减少层高和节约造价，但在地下水位丰富的南方处于慎用和禁用状态（不满足《地下工程防水技术规范》GB 50108—2008 和《人民防空地下室设计规范》GB 50038—2005 第 3.2.2 条对板厚的要求），是否应该出台密肋板、空心板的国家人防设计标准图集和技术规程，严格使用范围和技术标准？

《人民防空地下室设计规范》GB 50038—2005 第 4.11.3 条明确防空地下室顶板可以采用密肋板、空心板，主要针对有地面建筑情况，即人防顶板为室内楼板，不存在防水问题。特别是当地面建筑均采用密肋板、空心板时，人防顶板亦可采用。若是单建人防工程，应慎用。

密肋板按照 250mm 设计，空心楼盖可以采用上下两层板之和 250mm 设计（125mm+125mm 或 150mm+100mm），是可以满足防水规范技术要求的，虽然这样做整体经济性较差，但对于井字梁楼盖和对层高要求严格的工程还是有优势的；另外还有一种做法，板厚按照 200mm 设计，另外将防水层的 50mm 的混凝土保护层也计入顶板厚，这样总厚满足 250mm 厚，采用这种 200mm+50mm 的做法，由于其本身毕竟不是一整体，且防水保护层混凝土强度等级低，又无钢筋，受施工影响也较大，很多都呈破碎和开裂状态，所以将此加厚的 50mm 计入 250mm 不合适。

山东的有人防密肋楼板的相关图集，只是从结构受力角度确定板厚的，有

120mm 和 150mm 的板厚，如果作为防水混凝土顶板确实不能防止水的长期渗透，用于有防水要求的地下室顶板有些偏薄。

在单建工程设计中，有设计认为空心楼板，密肋楼盖因区格很小（一般在 0.5~1.2m），裂缝会较正常楼板小，故可降低对防水混凝土最小厚度的控制要求。如对有种植屋面的顶板按不小于 200mm 设计，并采取以下措施：裂缝按照 0.2mm 以下控制，在顶板增加一层 2cm 厚防水砂浆层，并在防水混凝土保护层中增加抗裂网片筋，其合理性有待探讨。

209. 空心楼盖的厚度如何折算？如何满足防护厚度要求？

防空地下室围护结构对早期核辐射仅起削弱作用，并不能完全阻止其进入。防空地下室主要通过规定围护结构的厚度、通道长度等控制早期核辐射进入室内的综合剂量，以保护室内人员不受伤害。就顶板而言，通过规定其最小厚度（平均厚度或折合厚度）要求控制由顶板进入室内的剂量，故顶板最小厚度需满足《人民防空地下室设计规范》GB 50038—2005 表 4.11.3 的要求。

空心楼板作为顶板的一种形式，在防空地下室采用是可以的，须满足表 4.11.3 注 2 说明的规定："现浇空心板，其板顶厚度不小于 100mm，且其折合厚度不应均小于 200mm。"（所谓折算厚度，是按重量等效的厚度，具体计算可参考《现浇混凝土空心楼盖技术规程》JGJ/T 268—2012 附录 B，但此规定的最小厚度要求不包括甲类防空地下室防早期核辐射对结构厚度的要求。）

人防结构的厚度受三个因素来控制：

（1）人防结构构造厚度，例如：结构构件厚度为不小于 200mm；

（2）早期核辐射需要的厚度，这一条往往由建筑专业通过填土解决；

（3）结构构件受力分析时，在不超筋的情况下确定的结构厚度。

210. 防空地下室是否可以采用型钢混凝土构件，构造措施如何？

钢结构、钢 - 混凝土混合结构或构件允许用于防空地下室。构造做法参照型钢混凝土结构的相关图集做法（如《型钢混凝土组合结构构造》04SG523、《钢管混凝土结构构造》06SG524 等），并要结合一下人防要求的相关构造。如果是部分结合钢结构设计时，临土侧和临空侧不能有外露型钢。内部人防并未有特殊要求，只要满足相关规范和抗震要求即可。

钢材的材料强度综合调整系数，现行《人民防空地下室设计规范》GB 50038—2005 已给出。关于焊缝等问题，由于缺少足够的研究成果做支撑，其强度综合调整系数暂取 1.0。

211. 能否采用混凝土装配式防倒塌棚架临战构筑？

[问题补充] 根据《人民防空地下室设计规范》GB 50038—2005 第 3.3.4 条防倒塌棚架采用装配式防倒塌棚架临战时构筑，能否采用混凝土装配式防倒塌棚架？

钢结构装配式防倒塌棚架仅适用于特殊人防工程项目，因涉及平战转换问题（如平时存放、维护，临战转换工作量等），能否使用需征求人防主管部门意见。至于混凝土装配式防倒塌棚架，由于构件较重，难以实现临战时不使用机械、不需要熟练工人，实现防倒塌棚架施工安装到位，故不推荐采用，对于混凝土装配式防倒塌棚架并没有相应图集。

附　录

人防工程标准、规范、图集、政策法规、技术文件等资料是人防工程设计、施工、验收和维护管理的依据，收集、整理一个目录很有意义。尤其是人防工程有许多地方性规范、规定或政策不为外人熟知，经常因此产生错误。为开阔视野，我们也希望收集、整理部分国外防护工程设计标准等资料，目前只暂列了美国的资料。

收集、整理资料当然是越齐全越准确越好，但因为承担收集和整理任务的人员受业务范围和精力等所限，各地完成情况不一，有的较齐全，但有的较简略，有的详细标出了来源和是否仍有效等信息，但有的只是简单列出。由于时间和水平等原因，丛书出版之前难以使之更加完善。本着抛砖引玉的想法，我们将收集的资料列出，仅供参考。资料汇总目录将在"人防问答"网上持续更新，欢迎读者登录该网积极提供并反馈信息。

全国通用人防工程资料目录
（安国伟整理）

一、设计

（一）标准规范

1.《人民防空工程供电标准》RFJ 3—1991

2.《人民防空工程基本术语》RFJ 1—1991

3.《人民防空工程照明设计标准》RFJ 1—1996

4.《人民防空地下室设计规范》GB 50038—2005

5.《人民防空工程设计防火规范》GB 50098—2009

6.《地下工程防水技术规范》GB 50108—2008

7.《轨道交通工程人民防空设计规范》RFJ 02—2009

8.《人民防空工程防化设计规范》RFJ 013—2010

9.《人民防空医疗救护工程设计标准》RFJ 005—2011

10.《城市居住区人民防空工程规划规范》GB 50808—2013

11.《汽车库、修车库、停车场设计防火规范》GB 50067—2014

（二）标准图集

1.《塑料模壳钢筋混凝土双向密肋板通用图集》91RFMLB

2.《人民防空地下室设计规范》图示—建筑专业 05SFJ10

3.《人民防空地下室设计规范》图示—给水排水专业 05SFS10

4.《人民防空地下室设计规范》图示—通风专业 05SFK10

5.《人民防空地下室设计规范》图示—电气专业 05SFD10

6.《防空地下室室外出入口部钢结构装配式防倒塌棚架结构设计》05SFG04

7.《防空地下室室外出入口部钢结构装配式防倒塌棚架建筑设计》05SFJ05

8.《防空地下室室外出入口部钢结构装配式防倒塌棚架 建筑、结构（设计、加工）合订本》05SFJ05、05SFG04

9.《人防工程防护设备图集》RFJ 01—2005

10.《防空地下室建筑设计示例》07FJ01

11.《防空地下室建筑构造》07FJ02

12.《防空地下室防护设备选用》07FJ03

13.《防空地下室移动柴油电站》07FJ05

14.《防空地下室设计荷载及结构构造》07FG01

15.《钢筋混凝土防倒塌棚架》07FG02

16.《防空地下室板式钢筋混凝土楼梯》07FG03

17.《钢筋混凝土门框墙》07FG04

18.《钢筋混凝土通风采光窗井》07FG05

19.《防空地下室给排水设施安装》07FS02

20.《防空地下室通风设计示例》07FK01

21.《防空地下室通风设备安装》07FK02

22.《防空地下室电气设计示例》07FD01

23.《防空地下室电气设备安装》07FD02

24.《防空地下室建筑设计（2007年合订本）》FJ01~03

25.《防空地下室结构设计（2007年合订本）》FG01~05

26.《防空地下室通风设计（2007年合订本）》FK01~02

27.《防空地下室电气设计（2007年合订本）》FD01~02

28.《防空地下室固定柴油电站》08FJ04

29.《防空地下室施工图设计深度要求及图样》08FJ06

30.《人民防空工程防护设备选用图集》RFJ 01—2008

31.《防空地下室给排水设计示例》09FS01

32.《人防工程设计大样图》RFJ 05—2009

33.《城市轨道交通人防工程口部防护设计》11SFJ07

34.《人民防空工程复合材料（玻璃纤维增强塑料）轻质人防门选用图集》RFJ 003—2013

35.《人民防空工程复合材料轻质人防门选用图集》RFJ 002—2016

36.《人民防空工程复合材料（连续玄武岩纤维）人防门选用图集》RFJ 002—2018

（三）政策法规

1.《中华人民共和国人民防空法》（2009 修正），全国人大常委会，1997 年 1 月 1 日施行

2.《关于规范防空地下室易地建设收费的规定》（计价格〔2000〕474 号），国家国防动员委员会等，2000 年 4 月 27 日施行

3.《人民防空工程建设监理暂行规定》（〔2001〕国人防办字第 7 号），国家人民防空办公室，2001 年 3 月 1 日起施行

4.《人民防空工程平时开发利用管理办法》（〔2001〕国人防办字第 211 号），国家人民防空办公室，2001 年 11 月 1 日起施行

5.《人民防空工程建设管理规定》（国人防办字〔2003〕第 18 号），国家国防动员委员会等，2003 年 2 月 21 日发布施行

6.《人民防空工程设计管理规定》（国人防〔2009〕280 号），国家人民防空办公室，2009 年 7 月 20 日施行

7.《人民防空工程施工图设计文件审查管理办法》（国人防〔2009〕282 号），国家人民防空办公室，2009 年 7 月 20 日施行

8.《关于全国人防系统统一采用卫星通信信道和传输设备有关问题的通知》（国人防〔2009〕285 号）

（四）技术文件

1.《全国民用建筑工程设计技术措施－防空地下室》2009JSCS—6

2.《平战结合人民防空工程设计指南》2014SJZN—PZJH

3.《防空地下室结构设计手册》RFJ 04—2015（共 4 册）

二、施工与验收

1.《人民防空工程施工及验收规范》GB 50134—2004

2.《地下防水工程质量验收规范》GB 50208—2011

3.《人民防空工程质量验收与评价标准》RFJ 01—2015

三、产品

1.《人民防空工程防护设备产品质量检验与施工验收标准》RFJ 01—2002

2.《人民防空工程防护设备试验测试与质量检测标准》RFJ 04—2009

3.《人民防空工程复合材料防护密闭门、密闭门标准》RFJ 001—2016

4.《人民防空工程复合材料（连续玄武岩纤维）防护密闭门、密闭门质量检测标准》RFJ 001—2018

5.《RFP 型人防过滤吸收器制造与验收规范（暂行）》RFJ 006—2021

6.《人民防空工程复合材料（玻璃纤维增强塑料）防护设备质量检测标准（暂行）》RFJ 004—2021

7.《人防工程防护设备产品与安装质量检测标准（暂行）》RFJ 003—2021

四、造价定额

1.《人防工程概算定额》（2007）国家人民防空办公室

2.《人防工程工期定额》（2007）国家人民防空办公室

3.《人民防空工程建设造价管理办法》（国人防〔2010〕287号），国家人民防空办公室

4.《人民防空工程防护（化）设备信息价管理办法》（国人防〔2010〕291号），国家人民防空办公室

5.《人民防空工程投资估算编制规程》RF/T 005—2012

6.《人民防空工程估算指标》，国家人防防空办公室，2012年6月18日实施

7.《人民防空工程预算定额》共分四册：第一册掘开式工程 HDY99—01—2013；第二册坑地道式工程 HDY99—02—2013；第三册安装工程 HDY99—03—2013；第四册附录，国家人民防空办公室，2013年10月29日实施

8.《人民防空工程工程量清单计价规范》RFJ 02—2015

9.《人民防空工程工程量计算规范》RFJ 03—2015

10.《关于实施建筑业"营改增"后人防工程计价依据调整的通知》（防定字〔2016〕20号），国家人防工程标准定额站，2016年5月1日执行

五、维护管理

1.《人防工程平时使用环境卫生要求》GB/T 17216—2012

2.《人民防空工程设备设施标志和着色标准》RFJ 01—2014

3.《人民防空工程维护管理技术规程》RFJ 05—2015

六、其他

国家人民防空办公室与中央电视台7频道《和平年代》栏目联合拍摄10集大型人防电视纪录片《我身边的人防——人民防空创新发展纪实》

北京市人防工程资料目录
（卫军锋整理）

一、标准规范

1.《防空地下室通风图》（通风部分 内部试用）FJT—2003

2.《人防工程防护设备优选图集》华北标 BJ 系统图集 14BJ15—1

3.《北京市人民防空工程平时使用设计要点（试行）》（京人防办发〔2019〕35号附件），2019年3月25日印发

4.《平战结合人民防空工程设计规范》DB11/ 994—2021

二、政策法规

1.《北京市人民防空工程建设与使用管理规定》（北京市人民政府令第1号），1998年5月1日实施

2.《北京市人民防空条例》，北京市第十一届人大常委会第 33 次会议通过，2002
年 5 月 1 日实施

3. 关于印发《北京市民防规范行政处罚自由裁量权行使规定》和《北京市民防
规范行政处罚自由裁量权细化标准（试行）》的通知，北京市民防局，2010 年 11 月
29 日施行

4. 关于《关于落实中小学校舍安全工程有关人防工程建设政策的通知》的备案
报告（京民防规备字〔2011〕9 号），北京市民防局、北京市教育委员会，2011 年 3
月 5 日施行

5. 关于印发《北京市民防行政处罚规程》的通知（京民防发〔2013〕142 号），
北京市民防局，2013 年 9 月 22 日施行

6. 关于印发《北京市民防行政处罚信息归集制度（试行）》的通知（京民防发
〔2014〕92 号），北京市民防局，2014 年 9 月 4 日施行

7. 关于《北京市人民防空工程建设审批档案管理办法》的备案报告（京民防规
备字〔2015〕1 号），北京市民防局，2015 年 1 月 26 日施行

8. 关于印发《北京市固定资产投资项目结合修建人民防空工程审批流程（试行）》
的通知（京民防发〔2015〕11 号），北京市民防局，2015 年 3 月 1 日起试行

9. 关于印发《北京市民防行政处罚裁量基准》的通知（京民防发〔2015〕85 号），
北京市民防局，2015 年 11 月 25 日施行

10. 关于修订《结合建设项目配建人防工程面积指标计算规则（试行）》并继续
试行的通知（京民防发〔2016〕47 号），北京市民防局，2016 年 6 月 28 日施行

11.《关于细化北京市防空地下室易地建设条件的通知》（京民防发〔2016〕
54 号），北京市民防局，2016 年 6 月 30 日施行

12. 关于印发《结合建设项目配建人防工程战时功能设置规则（试行）》的通知
（京民防发〔2016〕83 号），北京市民防局，2016 年 11 月 14 日施行

13.《关于加强社区防空和防灾减灾规范化建设的意见》（京民防发〔2016〕
91 号），北京市民防局，2016 年 12 月 2 日施行

14.《关于进一步加强中小学防空防灾教育的实施意见》（京民防发〔2016〕
96 号），北京市民防局，2016 年 12 月 29 日施行

15.《关于城市地下综合管廊兼顾人民防空需要的通知（暂行）》（京民防发
〔2017〕73 号），北京市民防局，2017 年 7 月 18 日施行

16.《关于清理规范人防工程改造施工图设计文件专项审查中介服务事项的通知》
（京民防发〔2017〕100 号），北京市民防局，2017 年 10 月 31 日施行

17.《关于废止部分行政规范性文件的通知》（京民防发〔2017〕123 号），北京
市民防局，2017 年 12 月 22 日施行

18. 关于进一步优化《北京市固定资产投资项目结合修建人民防空工程审批流程》
的通知（京民防发〔2017〕120 号），北京市民防局，2017 年 12 月 25 日施行

19.《关于进一步优化营商环境深化建设项目行政审批流程改革的意见》（市

规划国土发〔2018〕69 号），北京市规划和国土资源管理委员会，2018 年 3 月 7
日施行

20. 关于印发《北京市人民防空工程和普通地下室规划用途变更管理规定》的通
知（京民防发〔2018〕78 号），北京市民防局，2018 年 8 月 21 日施行

21. 关于印发《"人民防空工程监理乙级、丙级资质许可"告知承诺暂行办法》
的通知（京人防发〔2018〕3 号），北京市人民防空办公室，2018 年 11 月 8 日
施行

22. 关于印发《"人民防空工程设计乙级资质许可"告知承诺暂行办法》的通知
（京人防发〔2018〕2 号），北京市人民防空办公室，2018 年 11 月 8 日施行

23.《关于废止部分工程建设审批领域行政规范性文件的通知》（京人防发
〔2018〕7 号），北京市人民防空办公室，2018 年 11 月 16 日施行

24. 印发《关于优化新建社会投资简易低风险工程建设项目审批服务的若干规定》
的通知（京政办发〔2019〕10 号），北京市人民政府办公厅，2019 年 4 月 28 日施行

25. 关于印发《北京市人民防空办公室关于建立人民防空行业市场责任主体守信
激励和失信惩戒制度的实施办法（试行）》的通知（京人防发〔2019〕72 号），北京
市人民防空办公室，2019 年 5 月 31 日施行

26. 关于印发《北京市防空地下室面积计算规则》的通知（京人防发〔2019〕
69 号），北京市人民防空办公室，2019 年 6 月 3 日施行

27. 关于印发《北京市人民防空办公室行政规范性文件制定和管理办法》的通知
（京人防发〔2019〕71 号），北京市人民防空办公室，2019 年 6 月 3 日施行

28. 关于印发《北京市防空地下室易地建设管理办法》的通知（京人防发
〔2019〕79 号），北京市人民防空办公室，2019 年 8 月 1 日施行

29. 关于印发《平时使用人民防空工程批准流程》《人防工程拆除批准流程》
《人防工程改造批准流程》《人民防空警报设施拆除批准流程》的通知（京人防发
〔2019〕111 号），北京市人民防空办公室，2019 年 9 月 11 日施行

30.《北京市人民防空办公室关于废止部分行政规范性文件的通知》（京人防发
〔2019〕151 号），北京市人民防空办公室，2019 年 12 月 23 日施行

31.《关于修改 20 部规范性文件部分条款的通知》（京人防发〔2019〕152 号），
北京市人民防空办公室，2019 年 12 月 3 日施行

32.《关于废止部分行政规范性文件的通知》（京人防发〔2020〕9 号），北京市
人民防空办公室，2020 年 2 月 18 日施行

33. 关于印发《关于利用地下空间设置智能快件箱的指导意见》的通知（京人防
发〔2020〕76 号），北京市人民防空办公室，2020 年 8 月 7 日施行

34. 关于印发《北京市人民防空办公室关于建立人民防空行业市场责任主体守信
激励和失信惩戒制度的实施办法（试行）》的通知（京人防发〔2020〕86 号），北京
市人民防空办公室，2020 年 11 月 1 日施行

35.《北京市人民防空办公室关于规范结合建设项目新修建的人防工程抗力等级

的通知》（京人防发〔2020〕93号），北京市人民防空办公室，2020年11月30日施行

36. 北京市人民防空办公室关于印发《人民防空地下室设计方案规划布局指导性意见》的通知（京人防发〔2020〕105号），北京市人民防空办公室，2021年1月8日施行

37. 北京市人民防空办公室关于印发《结合建设项目配建人防工程面积指标计算规则（试行）》的通知（京人防发〔2020〕106号），北京市人民防空办公室，2021年1月15日施行

38. 北京市人民防空办公室关于印发《结合建设项目配建人防工程战时功能设置规则（试行）》的通知（京人防发〔2020〕107号），北京市人民防空办公室，2021年1月15日施行

39. 北京市人民防空办公室关于印发《北京市人民防空系统行政处罚裁量基准（2021年修订稿）》的通知（京人防发〔2021〕60号），北京市人民防空办公室，2021年6月11日施行

40. 北京市人民防空办公室关于印发《北京市人民防空系统行政违法行为分类目录（2021年修订稿）》的通知，北京市人民防空办公室，2021年6月11日施行

41. 北京市人民防空办公室关于印发《北京市人防行政处罚规程》的通知（京人防发〔2021〕63号），北京市人民防空办公室，2021年6月16日施行

42. 北京市人民防空办公室关于印发《北京市人防行政执法管理办法》的通知（京人防发〔2021〕62号），北京市人民防空办公室，2021年7月15日施行

43. 北京市人民防空办公室关于印发《北京市人防行政执法管理办法》的通知（京人防发〔2021〕62号），北京市人民防空办公室，2021年6月16日施行

44. 北京市人民防空办公室关于取消人民防空工程设计乙级及监理乙、丙级资质认定的通知（京人防发〔2021〕64号），北京市人民防空办公室，2021年7月2日施行

45. 北京市人民防空办公室 北京市住房和城乡建设委员会关于印发《新能源电动汽车充电设施在人防工程内安装使用指引》的通知（京人防发〔2021〕72号），北京市人民防空办公室，2021年8月5日施行

三、技术文件

1. 《平战结合人民防空工程设计指南》，中国建筑标准设计研究院有限公司，张瑞龙、袁代光等，2014年5月

2. 《北京市人民防空工程平时使用设计要点（试行）》，北京市建筑设计研究院有限公司，2019年3月25日施行

四、施工与验收

1. 关于印发《人防工程竣工验收备案管理办法》的通知，北京市民防局，2014年6月21日施行

2. 关于印发《北京市人民防空工程质量监督管理规定》的通知（京民防发

〔2015〕90 号），北京市民防局，2015 年 12 月 9 日施行

3. 关于印发《北京市城市基础设施人民防空防护工程建设管理暂行办法》的通知（京人防发〔2018〕22 号），北京市人民防空办公室，2018 年 11 月 29 日施行

4. 关于印发《北京市人民防空工程竣工验收办法》的通知（京人防发〔2019〕4 号），北京市人民防空办公室，2019 年 1 月 21 日施行

5. 关于印发《北京市人民防空工程质量监督管理规定》的通知（京人防发〔2019〕119 号），北京市人民防空办公室，2019 年 10 月 12 日施行

五、产品

1.《关于采用新型人防工程防化及防护设备产品的通知》，北京市民防局，2011 年 6 月 9 日施行

2.《人民防空工程防护设备安装技术规程　第 1 部分：人防门》DB11/T 1078.1—2014，北京市民防局、原总参工程兵第四设计研究院，2014 年 10 月 1 日施行

3.《关于做好北京市人防专用设备生产安装管理工作的意见》（京民防发〔2015〕28 号），2015 年 5 月 1 日实施

4. 关于印发《北京市人防工程防护设备质量检测实施细则》的通知（京民防发〔2015〕57 号），北京市民防局，2015 年 7 月 19 日施行

5. 关于印发《北京市人防工程专用设备销售合同备案管理办法》的通知（京民防发〔2016〕94 号），北京市民防局，2017 年 1 月 11 日施行

6.《关于清理规范人民防空工程竣工验收前人防设备质量检测中介服务事项的通知》（京民防发〔2017〕78 号），北京市民防局，2017 年 8 月 3 日施行

7. 关于转发国家人民防空办公室、国家认证认可监督管理委员会《关于规范人防工程防护设备检测机构资质认定工作的通知》（国人防〔2017〕271 号）的通知（京民防发〔2018〕6 号），北京市民防局，2018 年 2 月 6 日施行

六、造价定额

《关于进一步落实养老和医疗机构减免行政事业性收费有关问题的通知》（京民防发〔2016〕43 号），北京市民防局，2016 年 6 月 15 日印发

七、维护管理

1. 关于印发《实施〈北京市房屋租赁管理若干规定〉细则》的通知（京民防发〔2008〕44 号），北京市民防局，2008 年 3 月 18 日施行

2. 关于修改《北京市人民防空工程和普通地下室安全使用管理办法》的决定（北京市人民政府令第 236 号），北京市人民政府，2011 年 7 月 5 日施行

3.《北京市人民防空工程和普通地下室安全使用管理办法》（北京市人民政府令第 277 号），北京市人民政府办公厅，2018 年 2 月 12 日施行

4. 关于印发《北京市地下空间使用负面清单》的通知（京人防发〔2019〕136 号），北京市人民防空办公室，2019 年 10 月 28 日施行

5. 关于印发《北京市人民防空工程平时使用行政许可办法》的通知（京人防发〔2019〕105 号），北京市人民防空办公室，2019 年 10 月 1 日施行

6.关于印发《用于居住停车的防空地下室管理办法》的通知（京人防发〔2019〕57 号），北京市人民防空办公室，2019 年 4 月 30 日施行

7.《关于新型冠状病毒感染的肺炎疫情防控期间人防工程使用管理相关工作的通知》（京人防发〔2020〕7 号），北京市人民防空办公室，2020 年 2 月 6 日施行

8.关于印发《北京市人防空工程内有限空间安全管理规定》的通知（京人防发〔2020〕48 号），北京市人民防空办公室，2020 年 5 月 5 日施行

9.关于印发《北京市人民防空工程维护管理办法（试行）》的通知（京人防发〔2020〕81 号），北京市人民防空办公室，2020 年 8 月 31 日施行

八、其他

《北京市房屋建筑工程施工图多审合一技术审查要点（试行）》2018 年版

上海市人防工程资料目录
（周锋整理）

1.《上海市民防条例》（公报 2018 年第八号），上海市人民代表大会常务委员会，1999 年 8 月 1 日实施，2018 年 12 月 20 日修订

2.《上海市民防工程建设和使用管理办法》（上海市人民政府令第 30 号），2002 年 12 月 18 日上海市人民政府令第 129 号发布，2018 年 12 月 7 日修正并重新公布

3.《上海市民防工程平战转换若干技术规定》（沪民防〔2012〕32 号），上海市民防办公室，2012 年 6 月 1 日起实施

4.《上海市人民防空地下室施工图技术性专项审查指引（试行）》（沪民防〔2019〕7 号），上海市民防办公室，2019 年 1 月 14 日实施

5.《上海市民防工程维护管理技术规程》（沪民防〔2019〕82 号），上海市民防办公室，2020 年 1 月 1 日起施行

6.《上海市民防工程标识系统技术标准》DB 31MF/Z 002—2022，2022 年 6 月 30 日起施行

7.《上海市工程建设项目民防审批和监督管理规定》（沪民防规〔2020〕3 号），上海市民防办公室，2021 年 1 月 1 日起实施，有效期至 2025 年 12 月 31 日

8.《上海市民防建设工程人防门安装质量和安全管理规定》（沪民防规〔2021〕1 号），上海市民防办公室，2021 年 3 月 8 日起实施，有效期至 2026 年 3 月 7 日

9.《上海市民防工程使用备案管理实施细则》（沪民防规〔2021〕5 号），上海市民防办公室，2021 年 12 月 1 日起实施，有效期至 2026 年 11 月 30 日

10.《上海市城市地下综合管廊兼顾人民防空需要技术要求》DB 31MF/Z 002—2021，2021 年 12 月 1 日起施行

江苏省人防工程资料目录

（朱波、宋华成整理 ）

1. 省民防局关于《加强人防工程防护设备产品买卖合同管理》的通知（苏防〔2011〕8 号），江苏省民防局，2011 年 2 月 24 日起施行

2. 省民防局关于《采用新型防护设备产品》的通知（苏防〔2012〕32 号），江苏省民防局，2012 年 8 月 1 日施行

3.《江苏省物业管理条例》，江苏省人民代表大会常务委员会，2013 年 5 月 1 日起施行

4. 省民防局关于印发《江苏省民防工程防护设备设施质量检测管理实施细则（试行)》的通知（苏防规〔2013〕2 号），江苏省民防局，2013 年 7 月 11 日起施行

5. 省民防局关于印发《江苏省民防工程防护设备监督管理规定》的通知（苏防规〔2013〕1 号），江苏省民防局，2013 年 9 月 1 日起施行

6. 省民防局关于《统一全省人防工程防护设备标识设置》的通知（苏防〔2015〕28 号），江苏省民防局，2015 年 6 月 3 日起施行

7. 省民防局关于印发《江苏省人民防空工程项目审查办法》的通知（苏防〔2015〕52 号），江苏省民防局，2015 年 9 月 6 日起施行

8.《省政府办公厅关于推动人防工程建设与城市地下空间开发融合发展的意见》（苏政办发〔2016〕72 号），江苏省人民政府办公厅

9.《江苏省政府办公厅关于加强人防工程维护管理工作的意见》（苏政办发〔2016〕111 号），江苏省人民政府办公厅，2016 年 10 月 18 日起施行

10.《关于进一步明确人防工程建设质量监督有关问题的通知》（苏防〔2016〕79 号），江苏省民防局，2016 年 12 月 5 日起施行

11. 省民防局关于印发《江苏省防空地下室建设实施细则（试行)》的通知（苏防规〔2016〕1 号），江苏省民防局，2017 年 1 月 1 日起施行

12.《省民防局关于全面开展人防工程防护设备质量检测工作的通知》（苏防〔2018〕13 号），江苏省民防局，2018 年 2 月 26 日起施行

13.《江苏省城乡规划条例》，江苏省人民代表大会常务委员会，2018 年 3 月 28 日起施行

14.《人民防空食品药品储备供应站设计规范》DB32/T 3399—2018，江苏省质量技术监督局，2018 年 5 月 10 日发布，2018 年 6 月 10 日起实施

15.《江苏省人民防空工程维护管理实施细则》，江苏省人民政府，2018 年 10 月 24 日起施行

16. 关于印发《江苏省人民防空工程标识技术规定》的通知（苏防〔2018〕71 号），江苏省人民防空办公室

17.《江苏省人防工程竣工验收备案管理办法》（苏防〔2018〕81 号），江苏省人民防空办公室，2018 年 12 月 29 日起施行

18. 省人防办关于印发《江苏省人民防空工程建设平战转换技术管理规定》的通知（苏防〔2018〕70号），江苏省人民防空办公室，2019年1月1日起施行

19. 省人防办关于印发《江苏省人防工程建设领域信用管理暂行办法（试行）》的通知（苏防〔2019〕82号），江苏省人民防空办公室，2019年10月20日起施行

20.《江苏省人民防空工程质量监督管理办法》（苏防规〔2019〕1号），江苏省人民防空办公室，2019年10月20日起施行

21.《江苏省防空地下室易地建设审批管理办法》（苏防〔2019〕106号），江苏省人民防空办公室，2019年11月20日发布，2020年1月1日起执行

22.《江苏省人民防空工程建设使用规定》，江苏省人民政府，2020年1月1日起施行

23. 省人防办关于印发《江苏省人民防空工程面积测绘指南（试行）》的通知（苏防〔2020〕58号），江苏省人民防空办公室，2020年11月12日起施行

24. 省人防办关于印发《江苏省人民防空工程监理管理办法》的通知（苏防规〔2021〕1号），江苏省人民防空办公室，2021年5月15日起施行

25. 江苏省实施《中华人民共和国人民防空法》办法，江苏省人民代表大会常务委员会，2021年11月2日起施行

安徽省人防工程资料目录
（王为忠整理）

一、现行规范性文件

1.《安徽省人民政府关于依法加强人民防空工作的意见》（皖政〔2017〕2号），人防办，2017年8月30日起施行

2. 安徽省实施《中华人民共和国人民防空法》办法，1998年8月15日安徽省第九届人民代表大会常务委员会第五次会议通过，1999年10月15日第一次修正，2006年10月21日第二次修正，2020年9月29日修订

3.《安徽省实施〈中华人民共和国人民防空法〉办法》释义

4. 安徽省人防办、省发展改革委、省国土资源厅、省住房和城乡建设厅、省工商监督管理局、省政府金融办、中国人民银行合肥中心支行《关于建立房地产企业使用人防工程信用承诺制度的通知》（皖人防〔2018〕122号），太湖县住房和城乡建设局，2020年11月16日发布

5.《安徽省住房和城乡建设厅、安徽省人民防空办公室关于加强城市地下空间暨人防工程综合利用规划管理》（建规〔2015〕289号），安徽省住房和城乡建设厅，安徽省人民防空办公室，2015年12月10日发布

6.《安徽省民用建筑防空地下室建设审批改革实施意见》（皖人防〔2020〕2号），安徽省人民防空办公室综合处，2020年5月8日发布

7.《安徽省人民防空办公室 安徽省财政厅关于加强人防工程易地建设工作的通

知》（皖人防〔2019〕94号），安徽省人民防空办公室、安徽省财政厅，2019年12月16日发布

8.《安徽省人民防空办公室关于明确防空地下室易地建设面积指标的通知》（皖人防〔2020〕16号），安徽省人民防空办公室，2020年3月12日发布

9.《关于进一步优化施工许可和竣工验收阶段有关事项办理流程的通知》（建市〔2020〕26号），安徽省住房和城乡建设厅、安徽省人防办，2020年4月15日发布

10.《关于进一步规范防空地下室易地建设费减免有关事项的通知》（皖人防〔2020〕60号），安徽省人民防空办公室工程处，2020年7月13日发布

11.安徽省人民防空办公室关于印发《安徽省防空地下室易地建设审批管理办法》的通知（皖人防〔2020〕62号），安徽省人民防空办公室工程处，2020年7月13日发布

12.安徽省人民防空办公室关于印发《安徽省人民防空工程质量监督管理办法》的通知（皖人防〔2020〕63号），安徽省人民防空办公室，2020年12月3日发布

13.《安徽省人防工程质量监督实施细则》（皖人防〔2020〕40号），安徽省人民防空办公室，2020年5月11日发布

14.《关于进一步加强城市住宅小区防空地下室维护管理的通知》（皖人防〔2018〕160号），安徽省人防办、省住房和城乡建设厅，2018年11月12日发布

15.《安徽省人民防空办公室关于人防工程平战功能转换要求的通知》（皖人防〔2016〕131号），安徽省人民防空办公室，2017年1月1日发布

16.《安徽省人民防空办公室关于印发〈安徽省人民防空工程标识技术规定〉的通知》（皖人防〔2020〕66号），安徽省人民防空办公室，2016年9月23日发布

17.《安徽省人民防空办公室关于进一步明确人防工程专用设备和生产安装企业资质要求的通知》（皖人防〔2019〕5号），安徽省人民防空办公室，2019年1月14日发布

18.《安徽省人民防空办公室关于省外人防从业企业入皖备案实行告知承诺制管理有关事项的通知》（皖人防综〔2019〕22号），安徽省人民防空办公室，2018年11月12日发布

19.《安徽省人民防空办公室关于印发〈安徽省人防工程防护质量检测管理办法〉的通知》（皖人防〔2020〕72号），安徽省人民防空办公室，2020年9月4日发布

20.《安徽省人民防空办公室关于规范人防工程防护设备检测合格证发放的通知》（皖人防综〔2018〕87号），安徽省人民防空办公室，2018年11月12日发布

21.《安徽省人民防空办公室　安徽省财政厅关于加强人防工程易地建设工作的通知》（皖人防〔2019〕38号），滁州市人民防空办公室，2019年5月22日发布

22.《安徽省人民防空办公室关于优化人防工程防护防化设备市场营造公平竞争市场环境的指导意见》（皖人防〔2020〕73号），安徽省人民防空办公室，2020年9月14日发布

23.安徽省人民防空办公室关于颁布实施《安徽省人防工程费用定额》的通知（皖

人防〔2020〕74 号），安徽省人民防空办公室，2020 年 9 月 4 日发布

24. 安徽省人民防空办公室关于印发《审批建设防空地下室有关问题的指导意见（试行）》的通知（皖人防〔2021〕32 号），安徽省人民防空办公室综合处，2021 年 8 月 27 日发布

25. 关于印发《安徽省人防工程建设企业从业信用状况分类管理办法（试行）》的通知（皖人防〔2022〕13 号），安徽省人民防空办公室法规宣传处，2022 年 6 月 24 日发布

26. 安徽省人民防空办公室关于印发《安徽省人防工程建设企业从业信用状况分类评分规则》的通知（皖人防〔2022〕14 号），安徽省安庆市人防办，2022 年 6 月 28 日发布

二、废止的规范性文件

1.《安徽省人民防空办公室关于实行人防工程设计及施工图审查单位资质备案管理的通知》（皖人防办〔2012〕18 号），废止时间 2020 年 5 月 12 日

2.《安徽省人民防空关于办公室关于进一步加强人防工程设计及施工图审查管理工作的通知》（皖人防办〔2012〕61 号），废止时间 2020 年 5 月 12 日

3.《安徽省人民防空办公室关于印发人防示范工程建设基本要求的通知》（皖人防办〔2012〕53 号），废止时间 2020 年 5 月 12 日

4.《安徽省人民防空办公室关于广德县人防工程质量监督工作实行代管的通知》（皖人防办〔2012〕73 号），废止时间 2020 年 5 月 12 日

5.《安徽省人民防空办公室关于宿松县人防工程质量监督工作实行代管的通知》（皖人防办〔2012〕74 号），废止时间 2020 年 5 月 12 日

6.《安徽省人民防空办公室关于开展人防工程乙级监理资质申报工作的通知》（皖人防办〔2012〕111 号），废止时间 2020 年 5 月 12 日；执行《安徽省人民防空办公室关于印发"证照分离"改革事项优化审批和强化监管具体措施的通知》（皖人综〔2018〕88 号），安徽省人民防空办公室，2018 年 11 月 19 日发布

7. 安徽省人民防空办公室关于印发《安徽省人民防空工程建设监理管理暂行规定》的通知（皖人防办〔2012〕122 号），废止时间 2020 年 5 月 12 日；国家人民防空办公室关于印发《人防工程监理行政许可资质管理办法》的通知（国人防〔2013〕227 号）文件，国家人民防空办公室，2013 年 3 月 15 日发布

8. 安徽省人民防空办公室关于认真执行《安徽省人民防空工程建设监理管理暂行规定》的通知（皖人防〔2013〕37 号），废止时间 2020 年 5 月 12 日；执行国家人防办《人防工程监理行政许可资质管理办法》（国人防〔2013〕227 号），国家人民防空办公室，2013 年 3 月 15 日发布

9.《安徽省人民防空办公室关于开展人防工程监理乙级资质申报工作的通知》（皖人防〔2013〕59 号），废止时间 2020 年 5 月 12 日；执行《安徽省人民防空办公室关于印发"证照分离"改革事项优化审批和强化监管具体措施的通知》（皖人综〔2018〕88 号），安徽省人民防空办公室，2018 年 11 月 19 日发布

10.《安徽省人民防空办公室关于申报乙级及以下人防工程监理资质等级人员条件和丙级资质业务范围通知》(皖人防〔2013〕88号),废止时间2020年5月12日;执行国家人民防空办公室《人防工程监理行政许可资质管理办法》(国人防〔2013〕227号),国家人民防空办公室,2013年3月15日发布

11.《安徽省人民防空办公室关于开展省内人防工程专业设计乙级资质认定工作的通知》(皖人防〔2013〕137号),废止时间2020年5月12日;执行《安徽省人民防空办公室关于印发"证照分离"改革事项优化审批和强化监管具体措施的通知》(皖人防综〔2018〕88号),安徽省人民防空办公室,2018年11月19日发布

12.《安徽省人民防空办公室关于发布人防工程防护设备产品检测信息价的通知》(皖人防〔2014〕5号),废止时间2020年5月12日

13.《安徽省人民防空办公室关于省外甲级人防工程监理设计单位备案有关事项的通知》(皖人防〔2015〕127号),废止时间2020年5月12日;执行《安徽省人民防空办公室关于省外人防从业企业入皖备案实行告知承诺制管理有关事项的通知》(皖人防综〔2019〕22号),安徽省人民防空办公室,2019年5月29日发布

14.《安徽省人民防空办公室关于减违规增设的人防工程监理乙级资质专家评审特别程序的通知》(皖人防〔2016〕9号),废止时间2020年5月12日

15.《安徽省人民防空办公室关于进一步规范人防工程防护(化)设备信息价发布和使用工作的通知》(皖人防〔2016〕50号),废止时间2020年5月12日,自2018年7月份开始,安徽省人防办不再发布防护防化设备价格信息

16.《安徽省人民防空办公室关于明确外省甲级人防工程设计单位备案专业人员配置数量的批复》(皖人防〔2016〕73号),废止时间2020年5月12日

17.《安徽省人民防空办公室关于统一印制使用人防工程施工图审查合格书的通知》(皖人防〔2016〕74号),废止时间2020年5月12日;执行省住房城乡建设厅省人防办《关于进一步优化施工许可和竣工验收阶段有关事项办理流程的通知》(建市〔2020〕26号),安徽省住房和城乡建设厅、安徽省人民防空办公室,2020年4月15日发布

18.《安徽省人民防空办公室防空地下室易地建设费减免备案办理制度》(皖人防秘〔2016〕15号),废止时间2020年5月12日;执行省人防办《关于规范易地建设费减免备案程序的通知》(皖人防综〔2018〕86号),2018年5月18日发布

19.《安徽省人民防空办公室关于实行防空地下室易地建设费减免备案制度的通知》(皖人防〔2016〕43号),废止时间2020年5月12日;执行省人防办《关于规范易地建设费减免备案程序的通知》(皖人防综〔2018〕86号),2018年5月18日发布

20.《安徽省人民防空办公室 安徽省发展和改革委员会关于人防工程防护设备采购项目纳入公共资源交易平台进行交易的通知》(皖人防〔2017〕151号),废止时间2020年5月25日;执行《必须招标的工程项目规定》(中华人民共和国国家发展和改革委员会令第16号),2018年3月27日发布

21.《安徽省人民防空办公室关于依法加强人防工程防护设备市场监管的实施意见》（皖人防〔2017〕56号），废止时间2020年9月4日

22.《安徽省人民防空办公室关于依法进一步严格开展人防工程防护设备市场监管工作的通知》（皖人防〔2017〕140号），废止时间2020年9月4日

23.《安徽省人民防空办公室关于依法进一步加强人防工程防化设备市场和质量监管的通知》（皖人防〔2017〕143号），废止时间2020年9月4日

24.《安徽省人民防空办公室关于实行人防工程建设不良行为信息报告和公告制度的通知》（皖人防〔2014〕132号），废止时间2022年6月15日；执行《安徽省人防工程建设企业从业信用状况分类管理办法（试行）》的通知（皖人防〔2022〕13号），安徽省人民防空办公室、安徽省发展和改革委员会、安徽省住房和城乡建设厅、安徽省市场监督管理局，2022年6月2日发布，《安徽省人防工程建设企业从业信用状况分类评分规则》的通知（皖人防〔2022〕14号），安徽省人民防空办公室，2022年6月10日发布

25.《安徽省人民防空办公室关于印发〈人防工程防护防化设备市场信用行为监管细则〉》的通知（皖人防〔2020〕61号），废止时间2022年6月15日；执行《安徽省人防工程建设企业从业信用状况分类管理办法（试行）》的通知（皖人防〔2022〕13号），安徽省人民防空办公室、安徽省发展和改革委员会、安徽省住房和城乡建设厅、安徽省市场监督管理局，2022年6月2日发布，《安徽省人防工程建设企业从业信用状况分类评分规则》的通知（皖人防〔2022〕14号），安徽省人民防空办公室，2022年6月10日发布

26.安徽省人民防空办公室《关于印发安徽省人防工程建设"黑名单"管理暂行办法的通知》（皖人防〔2016〕76号），废止时间2022年6月15日；执行《安徽省人防工程建设企业从业信用状况分类管理办法（试行）》的通知（皖人防〔2022〕13号），安徽省人民防空办公室、安徽省发展和改革委员会、安徽省住房和城乡建设厅、安徽省市场监督管理局，2022年6月2日发布，《安徽省人防工程建设企业从业信用状况分类评分规则》的通知（皖人防〔2022〕14号），安徽省人民防空办公室，2022年6月10日发布

河北省人防工程资料目录
（孙树鹏整理）

1.关于印发《人防工程防护设备安装技术要求》的通知（冀人防工字〔2016〕35号），河北省人民防空办公室，2016年12月21日印发

2.《人民防空工程建筑面积计算规范》DB13（J）/T 222—2017，河北省住房和城乡建设厅、河北省人民防空办公室，2017年5月1日实施

3.《人民防空工程防护质量检测技术规程》DB13（J）/T 223—2017，河北省住房和城乡建设厅、河北省人民防空办公室，2017年5月1日实施

4.《人民防空工程兼作地震应急避难场所技术标准》DB13（J）/T 111—2017，河北省住房和城乡建设厅、河北省人民防空办公室，2018 年 3 月 1 日实施

5.《城市地下空间暨人民防空工程综合利用规划编制导则》DB13（J）/T 278—2018，河北省住房和城乡建设厅、河北省人民防空办公室，2019 年 2 月 1 日实施

6.《城市地下空间兼顾人民防空要求设计标准》DB13（J）/T 279—2018，河北省住房和城乡建设厅、河北省人民防空办公室，2019 年 2 月 1 日实施

7.《城市综合管廊工程人民防空设计导则》DB13（J）/T 280—2018，河北省住房和城乡建设厅、河北省人民防空办公室，2019 年 2 月 1 日实施

8.《人民防空工程平战功能转换设计标准》DB13（J）/T 8393—2020，河北省住房和城乡建设厅、河北省人民防空办公室，2021 年 4 月 1 日实施

9.《综合管廊孔口人防防护设备选用图集》DBJT 02—187—2020，河北省住房和城乡建设厅、河北省人民防空办公室，2021 年 4 月 1 日实施

山西省人防工程资料目录
（靳翔宇整理）

1.《山西省实施〈中华人民共和国人民防空法〉办法》，1998 年 11 月 30 日山西省第九届人民代表大会常务委员会第六次会议通过，1999 年 1 月 1 日起施行

2.《山西省人民防空工程维护管理办法》（山西省人民政府令第 198 号），自 2007 年 3 月 1 日起施行

3. 山西省人民政府办公厅转发省财政厅等部门《山西省防空地下室易地建设费收缴使用和管理办法》的通知（晋政办发〔2008〕61 号），2008 年 7 月 1 日施行

4.《山西省人民防空办公室关于深化行政审批制度改革加强事中事后监管的意见》（晋人防办字〔2016〕23 号），山西省人民防空办公室

5.《中共山西省委山西省人民政府关于开发区改革创新发展的若干意见》（晋政办发〔2016〕50 号），山西省人民政府办公厅，2016 年 4 月 26 日发布

6.《关于加强防空地下室建设服务监管的通知》，山西省人民防空办公室，2017 年 6 月 10 日发布

7.《关于印发企业投资项目承诺制改革试点防空地下室建设流程、事项准入清单及配套制度的通知》（晋人防办字〔2018〕19 号），山西省人民防空办公室

8.《关于进一步加强和规范建设项目人民防空审查管理的通知》（晋人防办字〔2018〕71 号），山西省人民防空办公室

9.《山西省人民防空工程建设条例》，2018 年 9 月 30 日山西省第十三届人民代表大会常务委员会第五次会议通过

10.《山西省人民政府办公厅关于转发省人防办等部门山西省防空地下室易地建设费收缴使用和管理办法的通知》（晋政办发〔2021〕82 号），山西省人民政府办公厅，自 2021 年 10 月 7 日起施行

河南省人防工程资料目录

（杨向华整理）

一、政策法规

1.《关于规范人防工程建设有关问题的通知》（豫防办〔2009〕100号），河南省人民防空办公室、河南省发展改革委员会、河南省监察厅、河南省财政厅、河南省住房和城乡建设厅，2009年7月1日实施

2.《关于印发河南省防空地下室面积计算规则的通知》（豫人防〔2017〕142号），河南省人民防空办公室，2018年1月9日发布实施

3.《关于调整城市新建民用建筑配建人防工程面积标准（试行）的通知》（豫人防〔2019〕80号），河南省人民防空办公室，2020年1月1日实施

4.《河南省住房和城乡建设厅河南省人民防空办公室关于印发〈河南省城市地下空间暨人防工程综合利用规划编制导则〉〈河南省城市地下综合管廊工程人民防空设计导则〉》（豫建城建〔2020〕384号），河南省住房和城乡建设厅、河南省人民防空办公室，2020年2月26日发布实施

5.《河南省住房和城乡建设厅河南省人民防空办公室关于印发〈河南省城市地下空间暨人防工程综合利用规划编制导则〉〈河南省城市地下综合管廊工程人民防空设计导则〉》（豫建城建〔2020〕384号），河南省住房和城乡建设厅、河南省人民防空办公室，2020年2月26日发布实施

6.《河南省人民防空工程审批管理办法》（豫人防〔2021〕27号），河南省人民防空办公室，2021年3月26日发布

7.《河南省人民防空工程平战转换技术规定》（豫人防〔2021〕70号），河南省人民防空办公室，2021年11月1日实施

二、施工与验收

1.《关于印发河南省人民防空工程质量监督实施细则的通知》（豫人防〔2017〕143号），河南省人民防空办公室，2018年1月9日发布实施

2.《河南省人民防空工程竣工验收备案管理办法》（豫人防〔2019〕75号），河南省人民防空办公室，2019年12月1日实施

3.《河南省人民防空工程监理工作规程（试行）》（豫人防〔2019〕83号），河南省人民防空办公室，2020年1月17日发布

4.《全省人防工程质量监督"随报随检随批，一次办妥"规定》（豫人防工〔2020〕5号），河南省人民防空办公室，2020年2月26日发布

三、产品

1.《关于人防工程防护设备生产标准有关问题的通知》（豫防办〔2009〕201号），河南省人民防空办公室，2009年12月8日发布

2.《关于规范全省人防工程防护设备检测机构资质认定工作的通知》（豫人防〔2018〕49号），河南省人民防空办公室、河南省质量技术监督局，2018年5月16

日发布执行《RFP 型过滤吸收器制造和验收规范（暂行）》有关事项的通知（豫人防〔2021〕9 号），河南省人民防空办公室，2021 年 8 月 30 日发布

四、造价定额

《河南省人民防空办公室关于建筑业实施"营改增"后河南省人防工程计价依据调整的通知》（豫人防〔2016〕127 号），河南省人民防空办公室，2016 年 10 月 29 日发布

五、维护管理

《河南省人民防空工程标识管理办法》的通知（豫人防〔2017〕38 号），河南省人民防空办公室，2017 年 5 月 25 日发布

六、其他

1.《关于明确依法征收人防易地建设费有关问题的通知》（豫防办〔2010〕93 号），河南省人民防空办公室，2010 年 6 月 25 日发布

2.《关于公布人防规范性文件清理结果的通知》（豫人防〔2017〕145 号），河南省人民防空办公室，2017 年 12 月 27 日发布

3.《关于印发河南省人民防空工程审批管理暂行办法的通知》（豫人防〔2017〕139 号），河南省人民防空办公室，2018 年 1 月 8 日发布实施

4.《关于印发河南省人民防空工程建设质量管理暂行办法的通知》（豫人防〔2017〕140 号），河南省人民防空办公室，2018 年 1 月 9 日发布实施

5.《河南省人民防空办公室关于印发河南省人防工程审批制度改革实施意见的通知》（豫人防〔2019〕54 号），河南省人民防空办公室，2019 年 9 月 4 日发布

6.《河南省人民防空办公室行政许可事项工作程序规范》（豫人防〔2019〕86 号），河南省人民防空办公室，2020 年 1 月 8 日发布

7.《河南省人民防空工程施工图设计文件审查要点（试行）》（豫人防〔2021〕15 号），河南省人民防空办公室、河南省住房和城乡建设厅，2021 年 3 月 1 日实施

内蒙古自治区人防工程资料目录
（任青春整理）

1.《内蒙古自治区人民防空工程建设造价管理办法》，内蒙古自治区人民防空办公室，2007 年 10 月 13 日发布

2.《内蒙古自治区人民防空工程建设管理规定》，内蒙古自治区人民政府，2013 年 1 月 17 日发布

3.《内蒙古自治区人民防空办公室关于印发人防工程建设管理相关配套文件的通知》——《内蒙古自治区人民防空工程建设质量监督管理办法》（内人防发〔2013〕16 号），内蒙古自治区人民防空办公室，2013 年 5 月 17 日发布

4.《内蒙古自治区人民防空办公室关于印发人防工程建设管理相关配套文件的通知》——《内蒙古自治区防空地下室建设程序管理办法》（内人防发〔2013〕16 号），

内蒙古自治区人民防空办公室，2013 年 5 月 17 日发布

5.《内蒙古自治区人民防空办公室关于印发人防工程建设管理相关配套文件的通知》——《内蒙古自治区人民防空工程施工图设计文件审查管理办法》（内人防发〔2013〕16 号），内蒙古自治区人民防空办公室，2013 年 5 月 17 日发布

6.《关于规范人防工程防护设备检测》（内人发字〔2018〕11 号），内蒙古自治区人民防空办公室，2018 年 11 月 1 日发布

广西壮族自治区人防工程资料目录
（钟发清整理）

1.《广西壮族自治区防空地下室易地建设费收费管理规定》（桂价费字〔2003〕462 号），广西壮族自治区人民防空办公室等，2004 年 4 月 1 日实施

2. 关于颁布实施《拆除人民防空工程审批行政许可办法》《新建民用建设项目审批批准行政许可办法》的通知（桂人防办字〔2006〕23 号），2006 年 3 月 3 日实施

3. 关于《进一步加快全区人民防空工程平战转换应急准备工作》的通知，广西壮族自治区人民防空办公室等，2007 年 12 月 29 日实施

4.《广西壮族自治区人民防空工程建设与维护管理办法》（广西壮族自治区人民政府令第 86 号），2013 年 4 月 1 日实施

5. 2013 年《人民防空工程预算定额》定额人工费、定额材料费、定额机械费调整系数，广西壮族自治区人民防空办公室，2018 年 7 月 23 日实施

6. 南宁市《应建防空地下室的新建民用建筑项目审批》（一次性告知），南宁市行政审批局、南宁市财政局，2018 年 8 月 1 日实施

7.《广西壮族自治区结合民用建筑修建防空地下室面积计算规则（试行）》（桂防通〔2019〕38 号），广西壮族自治区人民防空和边海防办公室等，2019 年 4 月 30 日实施

8.《关于规范防空地下室建设 优化营商环境 助推产业发展的实施意见》（桂防规〔2020〕1 号），广西壮族自治区人民防空和边海防办公室，2020 年 1 月 15 日实施

9.《广西壮族自治区结合民用建筑修建防空地下室审批管理办法（试行）》（桂防规〔2020〕2 号），广西壮族自治区人民防空和边海防办公室，2020 年 4 月 3 日施行

10. 广西壮族自治区人民防空和边海防办公室关于印发《广西壮族自治区人防工程建设程序管理办法（试行）》的通知（桂防通〔2020〕35 号），广西壮族自治区人民防空和边海防办公室，2020 年 4 月 8 日实施

11. 关于印发《广西壮族自治区人民防空工程设计资质管理实施细则（试行）》的通知（桂防规〔2020〕4 号），广西壮族自治区人民防空和边海防办公室，2020 年 4 月 30 日实施

12. 关于印发《广西壮族自治区人民防空工程质量监督管理实施细则（试行）》的通知（桂防规〔2020〕6 号），广西壮族自治区人民防空和边海防办公室，2020 年 4 月 23 日施行

13.《广西壮族自治区人防工程防护（防化）设备质量管理实施细则（试行）》的通知（桂防规〔2020〕7 号），广西壮族自治区人民防空和边海防办公室，2020 年 4 月 23 日实施

重庆市人防工程资料目录

（张旭整理）

1.《重庆市人民防空条例》，1998 年 12 月 26 日重庆市第一届人民代表大会常务委员会第十三次会议通过，2005 年 7 月 29 日重庆市第二届人民代表大会常务委员会第十八次会议第一次修正，2010 年 7 月 23 日重庆市第三届人民代表大会常务委员会第十八次会议第二次修正

2.《关于新建人防工程增配部分通风设备设施减少平战转换量的通知》（渝防办发〔2018〕162 号），重庆市人民防空办公室，2018 年 10 月 18 日发布实施

3.《重庆市城市综合管廊人民防空设计导则》，重庆市人民防空办公室、重庆市住房和城乡建设委员会，2019 年 4 月 1 日发布实施

4.《关于结合民用建筑修建防空地下室简化面积计算及局部调整分类区域范围的通知》（渝防办发〔2019〕126 号），重庆市人民防空办公室，2020 年 1 月 1 日发布实施

辽宁省人防工程资料目录

（刘健新整理）

1.《大连市人民防空管理规定》，2010 年 12 月 1 日市政府令第 112 号修改，大连市人民政府，2002 年 10 月 1 日实施

2.《沈阳市民防管理规定（2003 年）》（沈阳市人民政府令第 28 号），沈阳市人民政府，2004 年 2 月 1 日实施

3.《辽宁省人民防空工程建设监理实施细则》（辽人防发〔2009〕3 号），辽宁省人民防空办公室，2009 年 4 月 1 日实施

4.《辽宁省人民防空工程防护、防化设备管理实施细则》（辽人防发〔2010〕11 号），辽宁省人民防空办公室，2010 年 3 月 30 日实施

5.《人民防空工程标识》DB21/T 3199—2019，辽宁省市场监督管理局，2020 年 1 月 20 日实施

6.《沈阳市人防工程国有资产管理规定》（沈人防发〔2020〕10 号），沈阳市人

民防空办公室，2020 年 7 月 2 日实施

7.《关于人防工程设计企业从业资质有关事项的通知》（辽人防发〔2021〕1 号），辽宁省人民防空办公室，2021 年 10 月 29 日实施

浙江省人防工程资料目录

（张芝霞整理）

一、设计

（一）标准规范

1.《控制性详细规划人民防空设施配置标准》DB33/T 1079—2018

2.《建筑工程建筑面积计算和竣工综合测量技术规程》DB33/T 1152—2018

3.《早期坑道地道式人防工程结构安全性评估规程》DB33/T 1172—2019

4.《人民防空疏散基地标志设置技术规程》DB33/T 1173—2019

5.《人民防空固定式警报设施建设管理规范》DB33/T 2207—2019

6.《人民防空专业队工程设计规范》DB33/T 1227—2020

7.《人防门安装技术规程》DB33/T 1231—2020

8.《人民防空工程维护管理规范》DB3301/T 0344—2021

（二）政策法规

1. 浙江省人民防空办公室（民防局）关于学习贯彻《浙江省人民政府关于加快城市地下空间开发利用的若干意见》的通知（浙人防办〔2011〕35 号）

2.《浙江省人民防空办公室关于统一全省人防工程标识设置的通知》（浙人防办〔2012〕73 号），浙江省人民防空办公室，2012 年 6 月 8 日颁布

3.《浙江省人民防空办公室等关于加强地下空间开发利用工程兼顾人防需要建设管理的通知》（浙人防办〔2012〕81 号），浙江省人民防空办公室，2013 年 4 月 19 日颁布

4. 浙江省人民防空办公室关于印发《浙江省人民防空工程防护功能平战转换管理规定（试行）》的通知（浙人防办〔2022〕6 号），浙江省人民防空办公室，2022 年 5 月 1 日起试行

5.《浙江省防空地下室管理办法》（浙江省人民政府令第 344 号），浙江省人民政府第 63 次常务会议审议，2016 年 6 月 1 日起施行

6.《关于防空地下室结建标准适用的通知》（浙人防办〔2018〕46 号），浙江省人民防空办公室，2018 年 11 月 29 日颁布

7.《关于要求明确重点镇人防结建政策适用标准的请示》（浙人防办〔2019〕6 号），浙江省人民防空办公室，2019 年 1 月 31 日颁布

8. 关于印发《结合民用建筑修建防空地下室审批工作指导意见》的通知（浙人防办〔2019〕23 号），浙江省人民防空办公室，2019 年 12 月 30 日颁布

9. 浙江省人民防空办公室关于印发《浙江省结合民用建筑修建防空地下室审

批管理规定（试行）》的通知（浙人防办〔2020〕31 号），浙江省人民防空办公室，2020 年 12 月 21 日颁布

10.《浙江省实施〈中华人民共和国人民防空法〉办法》（第四次修订），浙江省第十三届人民代表大会常务委员会第二十五次会议通过，2020 年 11 月 27 日起执行

（三）技术文件

1.《单建掘开式地下空间开发利用工程兼顾人防需要设计导则（试行）》，浙江省住房和城乡建设厅，浙江省人民防空办公室，2011 年 11 月发布

2.《浙江省城市地下综合管廊工程兼顾人防需要设计导则》，浙江省住房和城乡建设厅，浙江省人民防空办公室，2017 年 9 月发布

3.《浙江省人民防空专项规划编制导则（试行）》（浙人防办〔2020〕11 号），浙江省人民防空办公室，2020 年 4 月 30 日实施

4.《规划管理单元控制性详细规划（人防专篇）》示范文本，浙江省人民防空办公室，2020 年 6 月 23 日实施

5.《浙江省人防疏散基地（地域）建设标准（征求意见稿）》，浙江省人民防空办公室，2020 年 7 月 8 日发布

6.《浙江省人防疏散基地（地域）管理规定（征求意见稿）》，浙江省人民防空办公室，2020 年 7 月 8 日发布

7.《浙江省防空地下室维护管理操作规程（试行）》，浙江省人民防空办公室，2020 年 7 月 20 日发布

8.《防空地下室维护管理操作手册》，浙江省人民防空办公室，2020 年 7 月 20 日发布

二、施工与验收

1. 关于印发《浙江省人民防空工程竣工验收备案管理办法》的通知（浙人防办〔2009〕61 号），浙江省人民防空办公室，2009 年 8 月 7 日发布

2. 关于印发《浙江省人民防空工程质量监督管理办法》的通知（浙人防办〔2017〕4 号），浙江省人民防空办公室，2017 年 1 月 20 日发布

三、产品

1.《关于人防工程防护设备产品实施公开招标的通知》（浙人防办〔2012〕51 号），浙江省人民防空办公室，2012 年 3 月 21 日发布

2. 关于印发《浙江省人民防空工程防护设备质量检测管理实施办法》的通知（浙人防办〔2013〕39 号），浙江省人民防空办公室，2013 年 8 月 15 日发布

3. 关于印发《浙江省人防工程和其他人防防护设施监理管理办法》的通知（浙人防办〔2014〕4 号），浙江省人民防空办公室，2014 年 1 月 20 日发布

4. 关于印发《浙江省人民防空工程防护设备质量检测管理细则（试行）》的通知（浙人防办〔2015〕9 号），浙江省人民防空办公室，2015 年 2 月 11 日发布

5. 关于征求《浙江省人防行业信用监督管理办法（试行）》意见与建议的公告，浙江

省人民防空办公室，2020 年 8 月 10 日发布

四、造价定额

关于印发《浙江省人防建设项目竣工决算审计管理办法》的通知，浙江省人民防空办公室，2017 年 4 月 26 日发布

五、维护管理

1. 关于下发《浙江省人防工程使用和维护管理责任书（试行）》示范文本的通知，浙江省人民防空办公室，2016 年 9 月 29 日发布

2.《浙江省人民防空办公室关于人民防空工程平时使用和维护管理登记有关事项的批复》（浙人防函〔2016〕65 号），浙江省人民防空办公室，2016 年 12 月 30 日颁布

六、其他

1. 关于印发《疏散（避难）基地建设试行意见》的通知（浙民防〔2005〕7 号），浙江省人民防空办公室，2005 年 9 月 30 日颁布

2. 关于印发《浙江省人民防空工程防护功能平战转换技术措施》的通知（浙人防办〔2005〕162 号），浙江省人民防空办公室，2005 年 12 月 14 日颁布

3.《浙江省民防局关于人口疏散场所建设的意见（试行）》（浙民防〔2008〕12 号），浙江省人民防空办公室，2008 年 10 月 20 日颁布

4. 关于印发《浙江省民防应急疏散场所标志》的通知（浙民防〔2008〕16 号），浙江省人民防空办公室，2008 年 12 月 4 日发布

5. 关于印发《浙江省城镇人民防空专项规划编制管理办法》的通知（浙人防办〔2009〕50 号），浙江省人民防空办公室，2009 年 6 月 17 日发布

6.《浙江省民防局浙江省民政厅关于进一步推进应急避灾疏散场所建设的意见》（浙民防〔2010〕4 号），浙江省人民防空办公室，2010 年 5 月 21 日发布

7.《浙江省人民防空办公室关于大力推进人防建设与城市地下空间开发利用融合发展的意见》（浙人防办〔2012〕85 号），浙江省人民防空办公室，2012 年 8 月 3 日起实施

8.《关于地下空间开发利用兼顾人防需要与结建人防相关事宜的批复》，浙江省人民防空办公室，2014 年 5 月 4 日发布

9.《浙江省物价局、浙江省财政厅、浙江省人民防空办公室防空办公室关于规范和调整人防工程易地建设费的通知》（浙价费〔2016〕211 号），浙江省物价局、浙江省财政厅、浙江省人民防空办公室，2017 年 1 月 1 日起实施

10.《关于进一步推进人民防空规划融入城市规划的实施意见》（浙人防办〔2017〕42 号），浙江省人民防空办公室，2017 年 9 月 29 日起实施

11.《关于防空地下室结建标准适用的通知》（浙人防办〔2018〕46 号），浙江省人民防空办公室，2019 年 1 月 1 日起实施

12.《浙江省人民防空办公室关于公布行政规范性文件清理结果的通知》（浙人防办〔2020〕15 号），浙江省人民防空办公室，2020 年 6 月 4 日发布

山东省人防工程资料目录

（张春光整理）

一、设计

（一）标准规范

《人民防空工程平战转换技术规范》DB37/T 3470—2018，山东省人民防空办公室、山东省市场监督管理局，2019 年 1 月 29 日起实施

（二）政策法规

1.《山东省人民防空工程建设领域企业信用"红黑名单"管理办法》（鲁防发〔2018〕8 号），山东省人民防空办公室，2018 年 11 月 1 日起施行

2.《〈人防工程和其他人防防护设施设计乙级资质行政许可〉告知承诺办法》（鲁防发〔2018〕12 号）山东省人民防空办公室，2019 年 1 月 1 日起施行

3.《关于规范新建人防工程冠名的通知》（鲁防发〔2019〕5 号），山东省人民防空办公室，2019 年 2 月 1 日起实施

4.《关于规范人民防空工程设计参数和技术要求的通知》（鲁防发〔2019〕7 号），山东省人民防空办公室，2019 年 6 月 16 日起实施

5.《山东省人民防空工程管理办法》（省政府令第 332 号），山东省政府，2020 年 3 月 1 日起施行

（三）技术文件

《山东省防空地下室工程面积计算规则》（鲁防发〔2020〕5 号），山东省人民防空办公室，2021 年 1 月 3 日起实施

二、施工与验收

1.《关于加强人防工程防化设备生产安装管理的通知》（鲁防发〔2017〕3 号），山东省人民防空办公室，2017 年 7 月 1 日起实施

2.《山东省人民防空工程和其他人防防护设施建设监理实施细则》（鲁防发〔2017〕13 号），山东省人民防空办公室，2017 年 12 月 1 日起施行

3.《山东省人民防空工程质量监督档案管理办法》（鲁防发〔2017〕15 号），山东省人民防空办公室，2017 年 12 月 1 日起施行

4.《关于规范防空地下室制式标牌的通知》（鲁防发〔2017〕10 号），山东省人民防空办公室，2018 年 1 月 1 日起实施

5.《山东省人民防空工程质量监督管理办法》（鲁防发〔2018〕9 号），山东省人民防空办公室，2018 年 12 月 16 日起施行

6.《〈人防工程和其他人防防护设施监理乙级资质行政许可〉告知承诺办法》（鲁防发〔2018〕11 号），山东省人民防空办公室，2019 年 1 月 1 日起施行

7.《〈人防工程和其他人防防护设施监理丙级资质行政许可〉告知承诺办法》（鲁防发〔2018〕13 号），山东省人民防空办公室，2019 年 1 月 1 日起施行

8.《山东省单建人防工程施工安全监督管理办法》（鲁防发〔2020〕2 号），山东省人民防空办公室，自 2015 年 11 月 15 日起施行

9.《山东省人民防空工程竣工验收备案管理办法》（鲁防发〔2020〕7 号），山东省人民防空办公室，2021 年 2 月 1 日起实施

10. 关于规范《人防工程开工报告》有关问题的通知（鲁防发〔2020〕8 号），山东省人民防空办公室，2021 年 2 月 1 日起实施

三、造价定额

1.《山东省人防工程费用项目组成及计算规则（2020）》（鲁防发〔2020〕3 号），山东省人民防空办公室，2020 年 12 月 1 日起施行

2.《山东省人民防空工程建设造价管理办法》（鲁防发〔2020〕4 号），山东省人民防空办公室，2020 年 12 月 1 日起施行

四、维护管理

1.《山东省人民防空工程维护管理办法》（鲁防发〔2017〕5 号），山东省人民防空办公室，2017 年 9 月 1 日起施行

2.《山东省人民防空工程质量监督档案管理办法》（鲁防发〔2017〕15 号），山东省人民防空办公室，2017 年 12 月 1 日起施行

3.《关于实行制式人防工程平时使用证管理有关问题的通知》（鲁防发〔2017〕16 号），山东省人民防空办公室，2017 年 12 月 1 日起施行

4.《山东省人民防空工程建设档案管理规定》（鲁防发〔2020〕6 号），山东省人民防空办公室，2019 年 2 月 1 日起施行

5.《山东省人民防空办公室关于加强重要经济目标防护管理的意见》（鲁防发〔2021〕1 号），山东省人民防空办公室，2021 年 2 月 1 日起施行

6.《山东省单建人民防空工程安全生产事故隐患排查治理办法》（鲁防发〔2019〕2 号），山东省人民防空办公室，2021 年 2 月 1 日起施行

五、其他

1.《关于规范单建人防工程审批事项的通知》（鲁防发〔2017〕11 号），山东省人民防空办公室，2017 年 12 月 1 日起实施

2.《关于规范人民防空行政许可事项报送的通知》（鲁防发〔2017〕14 号），山东省人民防空办公室，2017 年 12 月 1 日起实施

3.《关于调整人民防空建设项目审批权限的通知》（鲁防发〔2018〕3 号），山东省人民防空办公室，2018 年 5 月 1 日起实施

4.《关于规范人民防空其他权力事项报送的通知》（鲁防发〔2018〕4 号），山东省人民防空办公室，2018 年 5 月 1 日起实施

5.《关于进一步加强学校防空防灾知识教育工作的意见》（鲁防发〔2018〕7 号），山东省人民防空办公室，2018 年 7 月 1 日起实施

6.《山东省人民防空行政处罚裁量基准》（鲁防发〔2018〕10 号），山东省人民防空办公室，2019 年 1 月 1 日起实施

7.《关于规范防空地下室易地建设审批条件的意见》（鲁防发〔2019〕4号），山东省人民防空办公室，2019年2月1日起实施

8.《关于人防工程设计、监理企业发生重组、合并、分立等情况资质核定有关问题的通知》（鲁防发〔2019〕8号），山东省人民防空办公室，2019年10月11日起实施

9.《关于加强人民防空教育工作的通知》（鲁防发〔2019〕9号），山东省人民防空办公室，2020年1月19日起实施

10.《关于在青少年校外活动场所增加防空防灾技能训练内容的通知》（鲁防发〔2019〕10号），山东省人民防空办公室，2020年1月19日起实施

六、济南市人防工程资料

1.《济南市人民防空办公室关于进一步加强已建人防工程管理工作的通知》（济防办发〔2017〕3号），济南市人民防空办公室，2017年2月13日起实施

2.《关于进一步规范我市拆除人防工程设施审批工作的通知》（济防办发〔2017〕4号），济南市人民防空办公室，2017年2月13日起实施

3.《关于规范人民防空工程悬挂标志牌、指示牌、标识牌的通知》（济防办发〔2017〕5号），济南市人民防空办公室，2017年2月13日起实施

4.《济南市人民防空办公室关于加强人防工程设计审批工作的意见》（济防办发〔2018〕78号），济南市人民防空办公室，2018年10月1日起施行

5.《济南市人防工程建设领域从业单位监督管理办法》（济防办发〔2018〕97号），济南市人民防空办公室，2019年1月1日起实施

6.《济南市人民防空工程人防门安装技术导则》（试行）（济人防工〔2020〕10号），济南市人民防空办公室，2020年7月13日公布

7.关于修改《济南市人民政府关于加强防空警报设施管理工作的通告》的决定（济南市人民政府令第274号），济南市人民政府，2021年1月27日起施行

8.《关于进一步优化房屋建筑工程施工许可办理营商环境的通知》（济建发〔2021〕33号），济南市住房和城乡建设局、济南市人民防空办公室、济南市行政审批服务局，2021年6月29日起实施

贵州省人防工程资料目录
（包万明整理）

1.《省人民政府办公厅关于印发贵州省人民防空工程建设管理办法的通知》（黔府办发〔2020〕38号），贵州省人民政府办公厅，2020年12月30日起施行

2.《贵州省人民防空工程建设审批手册》，贵州省人民防空办公室，2019年10月

3.《关于贵州省防空地下室建设标准和易地建设费征收管理的通知》（黔人防通〔2015〕19号），贵州省人民防空办公室等单位，2015年5月29日起施行

4.《省人民防空办公室关于开展人防工程建设防化设备安装工作的通知》（黔人防通〔2018〕44号），贵州省人民防空办公室，2018年12月13日起施行

5.《省人民防空办公室关于转发工程建设项目审批制度改革有关配套文件的通知》（黔人防通〔2019〕37号），贵州省人民防空办公室，2019年9月30日起施行

6.《贵州省人民防空办公室关于更新〈贵州省常用人防设备产品信息价〉的通知》（黔人防通〔2020〕65号），贵州省人民防空办公室，2021年1月1日起施行

7.《省人民防空办公室关于对防空地下室建筑面积有关事宜的通知》（黔人防通〔2020〕18号），贵州省人民防空办公室，2020年3月26日起施行

8.《贵州省人民防空办公室关于规范防空地下室易地建设审批的通知》（黔人防通〔2020〕21号），贵州省人民防空办公室，2020年4月20日起施行

9.《贵州省人民防空办公室关于加强全省人民防空工程标识标牌设置工作的通知》（黔人防通〔2021〕4号），贵州省人民防空办公室，2021年3月1日起施行

四川省人防工程资料目录
（赵建辉整理）

1.《关于规范勘察设计项目成果报送电子文档命名及格式要求的通知》（川建勘设科发〔2017〕91号），四川省住房和城乡建设厅，2017年2月10日起实施

2.《关于调整我省防空地下室易地建设费标准的通知》（川发改价格〔2019〕358号），四川省发展和改革委员会、四川省财政厅、四川省人民防空办公室，2019年9月1日起实施

3.《四川省人民防空办公室关于明确物流项目修建防空地下室范围的通知》（川人防办〔2020〕75号），四川省人民防空办公室，2020年11月16日起实施

4.关于印发《成都市人防工程设计方案总平图编制规定》的通知（成防办发〔2019〕10号），成都市人民防空办公室，2019年3月6日起实施

5.关于印发《成都市人民防空工程平战转换规定》的通知（成防办〔2019〕59号），成都市人民防空办公室，2019年11月28日起实施

6.关于印发《成都市防空地下室应建面积计算标准》的通知（成防办发〔2020〕19号），成都市人民防空办公室，2020年9月21日起实施

7.关于印发《成都市防空地下室易地建设费征收管理办法》的通知（成防办发〔2020〕18号），成都市人民防空办公室，2020年9月30日起实施

8.《关于医院建设项目中人防医疗救护工程设置类别审批要求的通知》（成防办函〔2021〕24号），成都市人民防空办公室，2021年4月13日起实施

9.《成都市人民防空地下室设计标准》DBJ51/T 159—2021

云南省人防工程资料目录
（王永权整理）

1.云南省实施《中华人民共和国人民防空法》办法，1998年9月25日云南省第

九届人民代表大会常务委员会第五次会议通过，1998 年 9 月 25 日云南省第九届人民代表大会常务委员会公告第 5 号公布

2.《云南省人民防空建设资金管理办法》，云南省人民防空办公室，2002 年 1 月 1 日起施行

3.《云南省人民防空行政执法规定》，云南省人民防空办公室，2006 年 8 月 15 日起施行

4.《云南省人民防空工程平战功能转换管理办法》，云南省人民防空办公室，2012 年 4 月 1 日起施行

5.《关于调整我省防空地下室易地建设收费有关问题的通知》（云价综合〔2014〕42 号），云南省物价局、云南省财政厅、云南省人民防空办公室，2014 年 3 月 7 日起执行

6.《云南省人民防空办室关于落实人防工程平战转换有关规定的通知》（云防办工〔2017〕28 号），云南省人民防空办公室，2017 年 8 月 1 日起实施

7.《昆明市人民防空工程建设管理规定》（昆明市人民政府公告第 48 号），昆明市人民政府，2009 年 9 月 7 日起施行

8.《昆明市公共地下空间平战结合人防工程建设管理办法》（昆政发〔2012〕96 号），昆明市人民政府，2012 年 12 月 10 日起施行

9.《昆明市人防机动指挥通信系统平时使用管理办法》（昆政办〔2013〕105 号），昆明市人民政府，2013 年 10 月 30 日起施行

10. 关于印发《昆明市人民防空地下室质量检测技术指南（试行）》的通知（昆人防〔2019〕26 号），昆明市人民防空办公室，2019 年 9 月 27 日起实施

11. 关于印发《昆明市防空地下室施工图审查技术指引（试行）》的通知（昆人防〔2019〕32 号），昆明市人民防空办公室，2019 年 12 月 12 日起实施

12.《关于承接昆明市中心城区人防工程建设行政审批监管服务事项的函》（昆人防函〔2020〕419 号），昆明市人民防空办公室，2021 年 1 月 1 日起实施

新疆维吾尔自治区人防工程资料目录
（沈菲菲整理）

一、设计、政策法规

1.《新疆维吾尔自治区人民防空工程平战转换技术规定（试行）》（新人防规〔2020〕2 号），新疆维吾尔自治区人民防空办公室，2021 年 1 月 1 日起施行

2.《新疆维吾尔自治区人民防空工程建设行政审批管理规定（试行）》（新人防规〔2020〕1 号），新疆维吾尔自治区人民防空办公室，2021 年 1 月 1 日起施行

3.《新疆维吾尔自治区城市防空地下室易地建设收费办法》（新发改规〔2021〕10 号），新疆维吾尔自治区发展和改革委员会、新疆维吾尔自治区财政厅、新疆维吾尔自治区住房和城乡建设厅、新疆维吾尔自治区人民防空办公室，2021 年 8 月 30 日起施行

二、施工与验收

1.《新疆维吾尔自治区人民防空工程人防标牌制作悬挂技术规定》，新疆维吾尔自治区人民防空办公室，2019 年 5 月 29 日发布

2.《新疆维吾尔自治区人民防空工程竣工验收备案管理规定（试行）》，新疆维吾尔自治区人民防空办公室，2019 年 5 月 29 日起施行

三、维护管理

1.《新疆维吾尔自治区人民防空重点城市警报通信设施建设管理规定（试行）》（新政发〔2003〕58 号），新疆维吾尔自治区人民政府、新疆军区，2003 年 7 月 25 日起施行

2.《新疆维吾尔自治区人民防空警报试鸣暂行规定》（新政发〔2005〕38 号），新疆维吾尔自治区人民政府，2005 年 6 月 1 日起施行

3.《关于落实人防工程防化设备质量监管的通知》，新疆维吾尔自治区人民防空办公室，2017 年 7 月 1 日起施行

4.《新疆维吾尔自治区人防专家库管理办法（暂行）》，新疆维吾尔自治区人民防空办公室，2019 年 5 月 29 日起施行

5.《新疆维吾尔自治区人民防空工程质量监督管理规定（试行）》（新人防规〔2020〕5 号），新疆维吾尔自治区人民防空办公室，2021 年 1 月 1 日起施行

四、其他

1.《新疆维吾尔自治区"人防工程 遗留问题"处理程序的意见》，新疆维吾尔自治区人民防空办公室，2017 年 3 月 13 日起施行

2.《自治区人民防空办公室"双随机一公开"工作实施细则（试行）》，新疆维吾尔自治区人民防空办公室，2018 年 11 月 5 日起施行

3.《关于自治区房屋建筑和市政基础设施工程施工图审查机构开展人防工程施工图审查有关问题的通知》，新疆维吾尔自治区人民防空办公室、新疆维吾尔自治区住房和城乡建设厅，2019 年 12 月 5 日起施行

吉林省人防工程资料目录
（刘健新整理）

1.《吉林省人民防空地下室防护（化）功能平战转换技术规程》，吉林省人民防空办公室，2016 年 10 月 20 日起实施

2.《吉林省玄武岩纤维防护设备选用图集》RFJ 01—2017（吉防办发〔2017〕92 号），吉林省人民防空办公室，2017 年 6 月 12 日起实施

3.《吉林省人防工程质量检测管理办法》，吉林省人民防空办公室，2017 年 8 月 11 日起实施

4.《吉林省附建式地下空间开发利用兼顾人防要求工程设计导则》，吉林省人民防空办公室，2018 年 6 月起实施

陕西省人防工程资料目录

（韩刚刚整理）

一、设计

（一）标准规范

1.《早期人民防空工程分类鉴定规程》DB 61/T 1019—2016

2.《城市地下空间兼顾人民防空工程设计规范》DB 61/T 1229—2019

3.《人民防空工程标识标准》DB 61/T 5006—2021

4.《人民防空工程防护设备安装技术规程 第一部分：人防门》DB 61/T 1230—2019

（二）政策法规

1.《陕西省实施〈中华人民共和国人民防空法〉办法》，1998 年 6 月 26 日陕西省第九届人民代表大会常务委员会第三次会议通过，2002 年 3 月 28 日第一次修正，2003 年 11 月 29 日第二次修正

2.《关于人防工程易地建设费收费标准的补充通知》（陕价费调发〔2004〕19 号），陕西省物价局财政厅，2004 年 6 月 16 日起实施

3.《关于重新核定人防工程易地建设费收费标准的通知》（陕价费调发〔2004〕12 号），陕西省物价局价格监测监督处，2004 年 12 月 21 日起实施

4.《陕西省人民防空办公室关于明确新建民用建筑修建防空地下室范围的通知》（陕人防发〔2021〕95 号），陕西省人民防空办公室，2022 年 1 月 1 日起实施

5.《陕西省人民防空办公室关于规范防空地下室易地建设费执行减免政策的通知》（陕人防发〔2020〕126 号），陕西省人民防空办公室，2020 年 11 月 9 日起实施

二、施工与验收

《陕西省开展房屋建筑和市政基础设施工程建设项目竣工联合竣工验收的实施方案（试行）》（陕建发〔2018〕400 号），陕西省住房和城乡建设厅、陕西省发展和改革委员会、陕西省国家安全厅、陕西省自然资源厅、陕西省广播电视局、陕西省人民防空办公室，2018 年 11 月 26 日发布

三、产品

1.《关于公示人防工程防护设备定点生产和安装企业目录的通告》，陕西省人民防空办公室，2021 年 11 月 4 日发布

2.《陕西省人防专用设备生产安装企业、检测机构质量行为监督管理措施》，陕西省人民防空办公室，2021 年 9 月 16 日发布

3.《关于人防工程防护设备定点生产和安装企业入陕登记的通告》，陕西省人民防空办公室，2021 年 9 月 22 日发布

四、造价定额

《陕西省人防工程标准定额站关于发布 2014 年陕西省人防工程防护设备质量检测信息价的通知》（陕防定字〔2014〕05 号），陕西省人民防空工程标准定额站，2014 年 10 月 25 日起实施

五、维护管理

《陕西省人防平战结合工程防火安全管理规定》，陕西省人民防空办公室，2016年3月22日发布

六、其他

1.《关于进一步加强西安市城市地下空间规划建设管理工作的实施意见》（市政办发〔2018〕2号），西安市人民政府办公厅，2018年1月10日起实施

2. 西安市人民防空办公室关于贯彻落实《关于规范人防工程防护设备检测机构资质认定工作的通知》的通知，西安市人民防空办公室，2018年7月18日起实施

3.《西安市"结建"人防工程建设审批管理规定》（市人防发〔2018〕42号），西安市人民防空办公室，2018年10月1日起实施

4.《关于认定施工图综合审查机构的通知》（陕建发〔2018〕242号），陕西省住房和城乡建设厅、陕西省公安消防总队、陕西省人民防空办公室，2018年8月10日起实施

5.《西安市人民防空办公室关于西安市人防结建审批执行埋深3米条件等有关问题的通知》（市人防发〔2020〕26号），西安市人民防空办公室，2020年5月20日起实施

甘肃省人防工程资料目录
（王辉平整理）

1.《甘肃省物价局 甘肃省财政厅 甘肃省人防办 甘肃省建设厅关于〈甘肃省防空地下室易地建设费收费实施办法〉的补充通知》（甘价服务〔2004〕第181号），甘肃省人民防空办公室，2004年6月28日起实施

2.《对人防工程防护设备定点生产企业管理规定的解读》，甘肃省人民防空办公室，2012年1月17日发布

3.《甘肃省人民防空行政处罚自由裁量权实施标准》（甘人防办发〔2015〕208号），甘肃省人民防空办公室，2015年12月4日起实施

4.《甘肃省人民防空工程平战结合管理规定》，甘肃省人民防空办公室，2020年1月10日发布施行

5.《甘肃省人民防空办公室关于进一步加强人防工程建设与管理的规定》（甘人防办发〔2020〕69号），甘肃省人民防空办公室，2020年10月1日起实施

6. 关于修订印发《甘肃省人防工程监理行政许可资质管理办法》的通知（甘人防办发〔2020〕93号），甘肃省人民防空办公室，2020年11月11日发布

广东省人防工程资料目录
（胡明智整理）

1.《广东省实施〈中华人民共和国人民防空法〉办法》，1998年7月29日广

东省第九届人民代表大会常务委员会公告第 12 号公布，1998 年 8 月 13 日起施行，2010 年 7 月 23 日修正

2.《广东省人民防空警报通信建设与管理规定》（粤府令第 82 号），广东省人民政府，2003 年 10 月 1 日起施行

3.《高校学生公寓和教师住宅建设项目缴纳人防工程建设费问题》（粤人防〔2004〕73 号），广东省人民防空办公室，2004 年 4 月 5 日

4.《关于明确新建民用建筑修建防空地下室标准的通知》（粤人防〔2010〕23 号），广东省人民防空办公室、广东省发展和改革委员会、广东省物价局、广东省财政厅、广东省住房和城乡建设厅，2010 年 1 月 26 日起实施

5.《关于开展人防工程挂牌管理工作的通知》（粤人防〔2010〕289 号），广东省人民防空办公室

6.《广东省人防工程防洪涝技术标准》（粤人防〔2010〕290 号），广东省人民防空办公室，2010 年 11 月 10 日起实施

7.《关于加强人防工程施工管理的意见》（粤人防〔2012〕105 号），广东省人民防空办公室

8.《广州市人民防空管理规定》，2013 年 8 月 28 日广州市第十四届人民代表大会常务委员会第二十次会议通过，2013 年 11 月 21 日广东省第十二届人民代表大会常务委员会第五次会议批准，2014 年 2 月 1 日起施行

9.《转发国家发改委等四部门关于防空地下室易地建设收费有关问题的通知》（粤人防〔2017〕117 号），广东省人民防空办公室，2017 年 6 月 2 日发布

10.《广东省单建式人防工程平时使用安全管理规定》的通知（粤人防〔2017〕177 号），广东省人民防空办公室，2017 年 8 月 4 日发布

11.《广东省人民防空办公室关于加强人防工程监理监督管理工作的意见》，广东省人民防空办公室，2018 年 3 月 3 日起实施

12.《广东省人防工程维护管理暂行规定》，广东省人民防空办公室，2018 年 10 月 10 日起实施

13.《关于规范结建式人防工程质量安全监督竣工验收备案工作的通知》（粤建质函〔2019〕1255 号），广东省住房和城乡建设厅，2019 年 12 月 2 日发布

14.《广东省人民防空办公室关于人民防空系统行政处罚自由裁量权实施办法》（粤人防〔2017〕127 号），广东省人民防空办公室，2020 年 2 月 26 日起实施

15.《广东省人民防空办公室关于征求规范城市新建民用建筑修建防空地下室意见的公告》（粤人防办〔2020〕72 号），广东省人民防空办公室，2020 年 6 月 19 日发布

16.《关于征求结建式人防工程质量监督工作指引（征求意见稿）意见的公告》（粤建公告〔2020〕62 号），广东省住房和城乡建设厅，2020 年 9 月 27 日发布

17. 关于印发《结建式人防工程质量监督工作指引》的通知（粤建质〔2021〕146 号），广东省住房和城乡建设厅，广东省人民防空办公室，2021 年 9 月 14 日发布

18.《广州市地下综合管廊人民防空设计指引》，广州市民防办公室、广州市住房和城乡建设委员会，2017年5月发布

19.《广州市住房和城乡建设局 广州市人民防空办公室关于人防工程设置标志牌的通知》（穗建规字〔2021〕9号），广州市住房和城乡建设局、广州市人民防空办公室，2021年9月2日发布

20.佛山市人民防空办公室关于印发《防空地下室施工图设计文件审查技术指引（试行）》的通知（佛人防〔2017〕121号），2017年10月30日发布

21.《汕头市人民防空管理办法》，汕头市人民政府办公室，2011年2月25日印发

美国防护工程设计标准等资料目录
（陈雷整理）

1.《防核武器设施设计：设施系统工程》（Designing facilities to resist nuclear weapon effects：facilities system engineering），TM 5-858-1，美国陆军部，1983年10月公开

2.《防核武器设施设计：武器效应》（Designing facilities to resist nuclear weapon effects：weapon effects），TM 5-858-2，美国陆军部，1984年7月6日公开

3.《防核武器设施设计：结构》（Designing facilities to resist nuclear weapon effects：structures），TM 5-858-3，美国陆军部，1984年7月6日公开

4.《防核武器设施设计：隔震系统》（Designing facilities to resist nuclear weapon effects：shock isolation systems），TM 5-858-4，美国陆军部，1984年6月11日公开

5.《防核武器设施设计：通风防护，加固，穿透防护，液压波防护设备，电磁脉冲防护设备》（Designing facilities to resist nuclear weapon effects：air entrainment，fasteners，penetration protection，hydraulic-surge protective devices，EMP protective devices），TM 5-858-5，美国陆军部，1983年12月15日公开（EMP，the electromagnetic pulse 的简写）

6.《防核武器设施设计：硬度验证》（Designing facilities to resist nuclear weapon effects：hardness verification），TM 5-858-6，美国陆军部，1984年8月31日公开

7.《防核武器设施设计：设施支持系统》（Designing facilities to resist nuclear weapon effects：facility support systems），TM 5-858-7，美国陆军部，1983年10月15日公开

8.《防核武器设施设计：说明性示例》（Designing facilities to resist nuclear weapon effects：illustrative examples），TM 5-858-8，美国陆军部，1985年8月14日公开

9.《设施系统工程：防核武器设施设计》（Facilities system engineering：designing facilities to resist nuclear weapon effects），UFC 3-350-10AN，美国国防部，2009年4月8日修订，取代：TM 5-858-1

10.《武器效应：防核武器设施设计》（Weapons effects：designing facilities to resist nuclear weapon effects），UFC 3-350-03AN，美国国防部，2009 年 4 月 8 日修订，取代：TM 5-858-2

11.《结构：防核武器设施设计》（Structures：designing facilities to resist nuclear weapon effects），UFC 3-350-04AN，美国国防部，2009 年 4 月 8 日修订，取代：TM 5-858-3

12.《隔震系统：防核武器设施设计》（Shock isolation systems：designing facilities to resist nuclear weapon effects），UFC 3-350-05AN，美国国防部，2009 年 4 月 8 日修订，取代：TM 5-858-4

13.《通风防护，加固，穿透防护，液压波防护设备，电磁脉冲防护设备：防核武器设施设计》（Air entrainment，fasteners，penetration protection，hydraulic-surge protection devices，and EMP protective devices：designing facilities to resist nuclear weapon effects），UFC 3-350-06AN，美国国防部，2009 年 4 月 8 日修订，取代 TM 5-858-5

14.《硬度验证：防核武器设施设计》（Hardness verification：designing facilities to resist nuclear weapon effects），UFC 3-350-07AN，美国国防部，2009 年 4 月 8 日修订，取代：TM 5-858-6

15.《设施支持系统：防核武器设施设计》（Facility support systems：Designing facilities to resist nuclear weapon effects），UFC 3-350-08AN，美国国防部，2009 年 4 月 8 日修订，取代：TM 5-858-7

16.《说明性示例：防核武器设施设计》（Illustrative examples：designing facilities to resist nuclear weapon effects），UFC 3-350-09AN，美国国防部，2009 年 4 月 8 日修订，取代：TM 5-858-8

17.《促进核设施退役的总体设计标准》（General design criteria to facilitate the decommissioning of nuclear facilities），TM 5-801-10，美国陆军部，1992 年 4 月 3 日公开

18.《防常规武器防护工程设计与分析》（Design and analysis of hardened structures to conventional weapons effects），UFC 3-340-01，美国国防部，2002 年 6 月 30 日公开

19.《防护工程供热、通风与空调设施标准》（Heating，ventilating and air conditioning of hardened installations）UFC3-410-03FA，美国国防部，1986 年 11 月 29 日编制，2007 年 12 月公开

参考文献

[1] 中华人民共和国建设部 . GB 50068—2001 建筑结构可靠度设计统一标准 [S]. 北京：中国建筑工业出版社，2001.

[2] 中华人民共和国住房与城乡建设部 . GB 50068—2018 建筑结构可靠度设计统一标准 [S]. 北京：中国建筑工业出版社，2018.

[3] 总参工程兵第四研究院 . RFG02—2009 轨道交通工程人民防空设计规范 [S]. 北京：中国计划出版社，2005.

[4] 国家人民防空办公室 . GB 50134—2017 人防工程施工及验收规范 [S]. 北京：中国计划出版社，2017.

[5] 中国建筑标准设计研究院 .DB 11/994—2013 平战结合人民防空工程设计规范（北京市地方标准）[S].

[6] 中华人民共和国住房与城乡建设部 . GB 50009—2012 建筑结构荷载规范 [S]. 北京：中国建筑工业出版社，2012.

[7] 中华人民共和国住房与城乡建设部 . GB 50010—2010 混凝土结构设计规范（2015年版）[S]. 北京：中国建筑工业出版社，2010.

[8] 中华人民共和国住房与城乡建设部 . GB 50011—2010 建筑抗震设计规范（2016版）[S]. 北京：中国建筑工业出版社，2010.

[9] 中华人民共和国住房与城乡建设部 . GB 50108—2008 地下工程防水技术规范 [S]. 北京：中国计划出版社，2009.

[10] 中华人民共和国住房与城乡建设部 . JGJ 79—2012 建筑地基处理技术规范 [S]. 北京：中国建筑工业出版社，2012.

[11] 中华人民共和国住房与城乡建设部 . GB 50007—2011 建筑地基基础设计规范 [S]. 北京：中国建筑工业出版社，2011.

[12] 北京市规划委员会 . GB 50157—2013 地铁设计规范 [S]. 北京：中国建筑工业出版社，2013.

[13] 中华人民共和国建设部 . JGJ 6—99 高层建筑箱形与筏形基础技术规范 [S]. 北京：中国建筑工业出版社，1999.

[14] 中华人民共和国住房与城乡建设部 . JGJ 3—2010 高层建筑混凝土结构技术规程 [S]. 北京：中国建筑工业出版社，2010.

[15] 中国建筑科学研究院 . CECS 175：2004 现浇混凝土空心楼盖结构技术规程 [S]. 北京：中国计划出版社，2004.

[16] 中华人民共和国住房与城乡建设部 . JGJ/T 268—2012 现浇混凝土空心楼盖技术规程 [S]. 北京：中国建筑工业出版社，2012.

[17] 中国建筑标准设计研究院 . 全国民用建筑工程技术措施—防空地下室（2009 版）[S]. 北京：中国计划出版社，2009.

[18] 中国建筑标准设计研究院 . 防空地下室防护设备选用图集 07FJ03[S]. 北京：中国计划出版社，2007.

[19] 中国建筑标准设计研究院 . 人民防空工程防护设备选用图集 RFJ 01—2008[S]. 北京：中国计划出版社，2008.

[20] 中国建筑标准设计研究院 . 防空地下室结构设计 FG 01 ~ 05（ 2007 年合订本)[S]. 北京：中国计划出版社，2004.

[21] 中国建筑设计院有限公司 . 防空地下室结构设计手册 RFJ 04—2015[S]. 北京：中国建材工业出版社，2015.

[22] 中国建筑标准设计研究院 . 混凝土结构施工图及平面整体表示方法制图规则和构造详图 16G101[S]. 北京：中国计划出版社，2016.

[23] 中国建筑标准设计研究院 . 防空地下室室外出入口部钢结构装配式防倒塌棚架 05SFJ05[S]. 北京：中国计划出版社，2005.

[24] 中国建筑标准设计研究院 . 人防工程设计大样图结构专业 RF 05—2009—JG[S]. 北京：中国计划出版社，2005.

[25] 中国有色工程有限公司 . 混凝土结构构造手册（第五版）[M]. 北京：中国建材工业出版社，2016.

[26] 陈志龙 . 人民防空工程技术与管理 [M]. 北京：中国建筑工业出版社，2004.

[27] 曹继勇，张尚根 . 人民防空地下室结构设计 [M]. 北京：中国计划出版社，2006.

[28] 腾延京等 . 建筑地基基础设计规范理解与应用 [M]. 北京：中国建筑工业出版社，2004.

[29] 北京市建筑设计标准化办公室 . 防空地下室结构设计手册 [M]. 北京：中国建筑工业出版社，2008.

[30] 王仲琦，张冰，郝洪，李建平，白春华 . 爆炸荷载作用下混凝土柱表面压力载荷特征研究 [A]. 第十届全国冲击动力学学术会议论文集 [C]. 2011.